Carlo Rovelli

A realidade não é o que parece
A estrutura elementar das coisas

TRADUÇÃO
Silvana Cobucci Leite

3ª reimpressão

Copyright © 2014 by Raffaello Cortina Editore

Grafia atualizada segundo o Acordo Ortográfico da Língua Portuguesa de 1990, que entrou em vigor no Brasil em 2009.

Título original
La realtà non è come ci appare: la struttura elementare delle cose

Capa
Estúdio Lógos/Julio Mariutti, Deborah Salles e Alice Vigianni

Preparação
Milena Vargas

Revisão técnica
Carlos Roberto Rabaça
Ph.D. em astronomia pela Universidade do Alabama, Estados Unidos
Professor da UFRJ – Universidade Federal do Rio de Janeiro

Índice remissivo
Probo Poletti

Revisão
Ana Maria Barbosa, Nana Rodrigues

Dados Internacionais de Catalogação na Publicação (CIP)
(Câmara Brasileira do Livro, SP, Brasil)

Rovelli, Carlo
   A realidade não é o que parece: a estrutura elementar das coisas / Carlo Rovelli; tradução Silvana Cobucci Leite. – 1ª ed. – Rio de Janeiro: Objetiva, 2017.

   Título original: La realtà non è come ci appare: la struttura elementare delle cose.
   ISBN 978-85-470-0025-7

   1. Cosmologia 2. Física – Filosofia 3. Gravidade quântica 4. Teoria quântica I. Título.

17-00835   CDD-530.12

Índice para catálogo sistemático:
1. Teoria quântica : Física 530.12

[2021]
Todos os direitos desta edição reservados à
EDITORA SCHWARCZ S.A.
Praça Floriano, 19, sala 3001 — Cinelândia
20031-050 — Rio de Janeiro — RJ
Telefone: (21) 3993-7510
www.companhiadasletras.com.br
www.blogdacompanhia.com.br
facebook.com/editoraobjetiva
instagram.com/editora_objetiva
twitter.com/edobjetiva

Sumário

Introdução: Caminhando na praia.. 9

PRIMEIRA PARTE
RAÍZES

1. Grãos 19
   Existe um limite para a divisibilidade?....................... 27
   A natureza das coisas 35
2. Os clássicos... 43
   Isaac e a pequena lua.. 43
   Michael: os campos e a luz... 54

SEGUNDA PARTE
O INÍCIO DA REVOLUÇÃO

3. Albert... 69
   O presente estendido... 71
   A mais bela das teorias.. 79
   Matemática ou física? 91
   O cosmos.. 93

4. Os quanta 109

    Outra vez Albert 110

    Niels, Werner e Paul 114

    Campos e partículas são a mesma coisa 125

    Quanta 1: a informação é finita 128

    Quanta 2: indeterminismo 130

    Quanta 3: a realidade é relação 132

    Mas realmente é compreensível? 134

TERCEIRA PARTE
ESPAÇO QUÂNTICO E TEMPO RELACIONAL

5. O espaço-tempo é quântico 143

    Matvei 146

    John 150

    Os primeiros passos dos loops 154

6. Quanta de espaço 157

    Espectros de volume e de área 159

    Átomos de espaço 165

    Redes de spins 167

7. O tempo não existe 171

    O tempo não é aquilo que pensamos 172

    O pulso e o candelabro 174

    Sushi de espaço-tempo 178

    Espumas de spins 181

    Do que é feito o mundo? 187

QUARTA PARTE
ALÉM DO ESPAÇO E DO TEMPO

8. Além do big bang 197

    O mestre 197

    Cosmologia quântica 202

9. Confirmações empíricas? 206

    Sinais da natureza 209

    Uma janela para a gravidade quântica 213

10. O calor dos buracos negros 218

11. O fim do infinito 227

12. Informação 234

    Tempo térmico 245

    Realidade e informação 249

13. O mistério 254

Notas 263

Bibliografia comentada 279

Índice remissivo 285

Introdução
Caminhando na praia

Somos obcecados por nós mesmos. Estudamos *nossa* história, *nossa* psicologia, *nossa* filosofia, *nossa* literatura, *nossos* deuses. Grande parte de nosso saber é uma volta contínua do homem em torno de si mesmo, como se nós fôssemos a coisa mais importante do Universo. Acho que gosto de física porque ela abre uma janela e olha para longe. Traz a sensação de ar puro entrando em casa.

O que vemos além da janela nos encanta. Aprendemos muito sobre o Universo. No decorrer dos séculos, reconhecemos muitos dos nossos erros. Acreditávamos que a Terra era plana. Que estava fixa no centro do mundo. E que o Universo era pequeno e permaneceria sempre igual. Acreditávamos que os homens eram uma espécie à parte, sem parentesco com os outros animais. Aprendemos que existem quarks, buracos negros, partículas de luz, ondas de espaço e extraordinárias arquiteturas moleculares em cada célula de nosso corpo. A humanidade é como uma criança que cresce e descobre, admirada, que o mundo não é apenas o seu quarto e o seu playground, mas é amplo, e existem milhares de coisas a explorar e ideias a conhecer, diferentes daquelas com as quais está acostumada. O Universo é multiforme e ilimitado, e continuamos a descobrir novos aspectos dele. Quanto mais aprendemos sobre o mundo, mais nos espantamos com sua variedade, beleza e simplicidade.

Mas, quanto mais descobrimos, também nos damos conta de que aquilo que não sabemos é muito mais do que aquilo que já compreendemos. Quanto mais potentes são os nossos telescópios, mais vemos céus estranhos e inesperados. Quanto mais olhamos os detalhes minúsculos da matéria, mais descobrimos estruturas profundas. Hoje vemos quase até o big bang, a grande explosão que há 14 bilhões de anos deu origem a todas as galáxias do céu; mas já começamos a vislumbrar que há alguma coisa além do big bang. Aprendemos que o espaço se encurva, e começamos a perceber que esse mesmo espaço é entrelaçado com grãos quânticos que vibram.

Nosso conhecimento sobre a gramática elementar do mundo continua a aumentar. Se tentarmos reunir tudo o que aprendemos sobre o mundo físico no decorrer do século XX, os indícios apontam para algo profundamente diferente das ideias que nos ensinaram na escola sobre matéria e energia, espaço e tempo. Emerge uma estrutura elementar do mundo em que não existe o tempo e não existe o espaço, gerada por um pulular de eventos quânticos. Campos quânticos desenham espaço, tempo, matéria e luz, trocando informações entre um evento e outro. A realidade é uma rede de eventos granulares; a dinâmica que os liga é probabilística; entre um evento e outro, espaço, tempo, matéria e energia estão dispersos numa nuvem de probabilidades.

Esse mundo novo e estranho emerge hoje lentamente do estudo do principal problema aberto na física fundamental: a *gravidade quântica*. O problema de tornar coerente aquilo que compreendemos do mundo pelas duas grandes descobertas da física do século XX, relatividade geral e teoria dos quanta.

Este livro dedica-se à *gravidade quântica* e ao estranho mundo que tal pesquisa nos está descortinando. Narra ao vivo a pesquisa em andamento: o que estamos aprendendo, o que sabemos e o que atualmente temos a impressão de começar a entender sobre a natureza elementar das coisas. Parte das origens, distantes, de algumas ideias-chave que hoje nos permitem organizar nossos pensamentos sobre o mundo. Descreve as duas grandes descobertas do século XX, a teoria da relatividade geral de Einstein e a mecânica quântica, procurando focalizar o centro do seu conteúdo físico. Mostra a imagem do mundo que hoje surge da pesquisa em gravidade quântica, considerando as últimas indicações que a natureza nos forneceu, como as confirmações do modelo cosmológico padrão obtidas com o satélite Planck (2013) e o fracasso da observação das partículas supersimétricas, esperada por muitos, no CERN (2013). Discute as consequências dessas ideias: a estrutura granular do espaço, o desaparecimento do tempo em pequeníssima escala, a física do big bang, a origem do calor dos buracos negros, até aquilo que vislumbramos sobre o papel da informação na base da física.

No famoso mito narrado por Platão no Livro VII da *República*, os homens estão acorrentados no fundo de uma caverna escura e veem diante de si apenas sombras, projetadas na parede atrás deles por um fogo. Pensam que aquela é a realidade. Um deles se liberta, sai e descobre a luz do sol e a vastidão do mundo. No início, a luz o deixa aturdido, o confunde: seus olhos não estão acostumados. Mas ele consegue olhar e volta feliz à caverna para contar aos companheiros aquilo que viu. Eles não conseguem acreditar. Todos nós estamos no fundo de uma caverna, presos à corrente da nossa ignorância, dos nossos preconceitos, e nossos frágeis sentidos nos mostram sombras. Procurar ver mais longe muitas vezes nos confunde: não estamos acostumados. Mas tentamos. A ciência é isso. O pensamento científico explora e redesenha o mundo, oferece-nos imagens dele que pouco a pouco ficam melhores, ensina-nos a pensá-lo de maneira mais eficaz. A ciência é uma exploração contínua das formas de pensamento. Sua força é a capacidade visionária de derrubar ideias preconcebidas, desvelar novos territórios do real e construir imagens novas e melhores do mundo. Esta aventura apoia-se em todo o conhecimento acumulado, mas sua alma é a mudança. Olhar mais longe. O mundo é ilimitado e iridescente; queremos sair para vê-lo. Estamos imersos em seu mistério e em sua beleza, e além da colina existem territórios ainda inexplorados. A incerteza em que estamos mergulhados, nossa precariedade, suspensa sobre o abismo da imensidão daquilo que não sabemos, não torna a vida sem sentido: ao contrário, a torna preciosa.

Escrevi este livro para contar aquela que, para mim, é a maravilha dessa aventura. Eu o escrevi pensando num leitor que nada conhece de física, mas tem curiosidade em saber o que compreendemos e o que não compreendemos hoje da trama elementar do mundo, e onde estamos pesquisando. E para tentar transmitir a beleza arrebatadora do panorama sobre a realidade visível a partir dessa perspectiva.

Também o escrevi pensando nos colegas, companheiros de viagem dispersos por todo o mundo ou nos jovens apaixonados por ciência que querem seguir esse caminho. Procurei traçar o panorama geral sobre a estrutura do mundo físico visto sob a dupla luz da relatividade e dos quanta, da forma como acredito que possa estar unido. Não é apenas um livro de divulgação; é também um livro para articular um ponto de vista coerente, num campo de pesquisa em que a abstração técnica da linguagem às vezes ameaça deixar pouco clara a visão de conjunto. A ciência é constituída de experimentos, hipóteses, equações, cálculos e longas discussões, mas estes são apenas instrumentos, como os instrumentos dos músicos. No final, o que conta na música é a música, e o que conta na ciência é a compreensão do mundo que ela consegue oferecer. Para compreender o significado da descoberta de que a Terra gira em torno do Sol, não adianta mergulhar nos complicados cálculos de Copérnico; para compreender a importância da descoberta de que todos os seres vivos no nosso planeta têm os mesmos antepassados, não é preciso seguir as complexas argumentações do livro de Darwin. A ciência é ler o mundo de um ponto de vista que pouco a pouco se torna mais amplo.

Neste livro, falo do estado atual da pesquisa dessa nova imagem do mundo, da forma como o compreendo hoje, procurando focalizar seus pontos mais importantes e suas ligações lógicas. Como alguém que responde à pergunta de um colega e amigo: "Mas como você acha que as coisas são, de verdade?", caminhando na praia numa longa noite de verão.

Primeira Parte

Raízes

Este livro começa em Mileto, 26 séculos atrás. Por que iniciar um livro sobre a gravidade quântica falando de eventos, pessoas e ideias tão antigas? Não quero chatear o leitor que tem pressa em chegar aos quanta de espaço, mas é mais fácil compreender as ideias partindo das raízes que as fizeram nascer, e uma parte importante das ideias que mais tarde se mostraram eficazes para compreender o mundo remonta a mais de vinte séculos. Se retomamos brevemente o nascimento delas, podemos compreendê-las melhor, e os passos seguintes se tornam simples e naturais.

Mas não é só isso. Alguns problemas propostos na época permanecem centrais para a compreensão do mundo. Algumas das ideias mais recentes sobre a estrutura do espaço fazem referência a conceitos e questões introduzidas então. Falando das ideias antigas, começo por colocar na mesa algumas questões fundamentais que serão essenciais para compreender as bases da gravidade quântica. Desse modo, ao apresentar a gravidade quântica, poderemos distinguir a parte das ideias que remonta à origem do pensamento científico, embora muitas vezes não nos seja familiar, daquelas que, ao contrário, são seus aspectos radicalmente novos. Como veremos, a ligação entre os problemas postos pelo pensamento de alguns cientistas antigos e as soluções encontradas por Einstein e pela gravidade quântica é muito estreita.

1. Grãos

De acordo com a tradição, no ano 450 antes da nossa era, um homem embarcou em um navio para uma viagem de Mileto a Abdera (figura 1.1). Foi uma viagem fundamental na história do conhecimento.

Provavelmente, o homem fugia de conflitos políticos em Mileto, onde estava em curso uma violenta retomada do poder por parte da aristocracia. Mileto era uma cidade grega rica e próspera, talvez a principal cidade do mundo grego antes do século áureo de Atenas e Esparta. Era um centro comercial muito ativo e dominava uma rede de quase uma centena de colônias e escalas comerciais que se estendiam do mar Negro ao Egito. Chegavam a Mileto caravanas da Mesopotâmia e navios provenientes de meio Mediterrâneo, e lá as ideias circulavam.

Durante o século precedente, ocorreu em Mileto uma revolução no pensamento que foi fundamental para a humanidade. Um grupo de pensadores recriou a maneira de fazer perguntas sobre o mundo e de buscar respostas. O maior deles foi Anaximandro.

Desde sempre, ou pelo menos desde quando a humanidade passou a deixar textos escritos que chegaram até nós, os homens

19

se perguntaram como o mundo nasceu, do que era feito, como estava organizado, por que aconteciam os fenômenos da natureza. Durante milênios, encontraram respostas semelhantes: respostas que se referiam a intrincadas histórias de espíritos, deuses, animais imaginários e mitológicos, e coisas parecidas. Das tabuletas em caracteres cuneiformes aos antigos textos chineses, das inscrições em hieróglifos nas pirâmides aos mitos sioux, dos mais antigos textos indianos à Bíblia, das histórias africanas às histórias dos aborígenes australianos, há todo um colorido — mas no fundo tedioso — fluxo de Serpentes Emplumadas ou Grandes Vacas, deuses furiosos, briguentos, ou gentis, que criam o mundo soprando sobre os abismos, dizendo fiat lux ou saindo de um ovo de pedra.

Depois, em Mileto, no começo do século VI antes da nossa era, Tales, seu discípulo Anaximandro, Hecateu e sua escola descobriram outra forma de buscar respostas. Um modo que não se referia a mitos, espíritos e deuses, mas procurava respostas na própria natureza das coisas. Essa imensa revolução de pensamento inaugurou uma nova modalidade do conhecimento e assinalou a primeira aurora do pensamento científico.

Os milésios compreenderam que, usando a observação e a razão com propriedade, evitando procurar na imaginação, nos mitos antigos e na religião as respostas para aquilo que não sabemos, e sobretudo usando criteriosamente o pensamento crítico, podemos corrigir repetidamente nosso ponto de vista sobre o mundo, descobrir aspectos da realidade que são invisíveis a um olhar comum e aprender coisas novas.

A descoberta decisiva foi, talvez, a de um estilo de pensamento novo, em que o aluno já não era obrigado a respeitar e a compartilhar as ideias do mestre, mas podia construir sobre elas, sem hesitar em descartar e em criticar as partes que considerava pas-

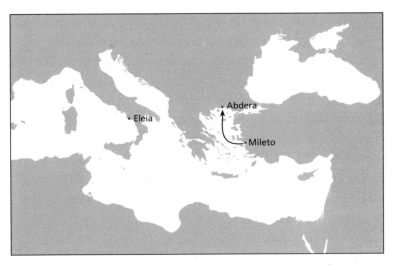

Figura 1.1 *A viagem de Leucipo de Mileto, fundador da escola atomista (cerca de 450 a.C.).*

síveis de melhoria. Essa terceira via, em equilíbrio entre a adesão a uma escola e a contraposição a ela, foi a chave mestra que abriu o imenso desenvolvimento do pensamento filosófico e científico subsequente: a partir desse momento, o conhecimento começou a se expandir vertiginosamente, nutrindo-se do saber do passado, mas ao mesmo tempo também da possibilidade de criticar e, portanto, melhorar esse mesmo saber. O incipit fulgurante do livro de história de Hecateu apreendeu a centralidade do pensamento crítico, incluindo a consciência da própria falibilidade: "Eu escrevo coisas que me parecem verdadeiras; porque os relatos dos gregos me parecem repletos de contradições e tolices".

Diz a lenda que Héracles desceu até o Hades pelo cabo Tênaro: Hecateu visitou o cabo Tênaro, verificou que ali não existia nenhum caminho subterrâneo e nenhuma entrada para o Hades e, portanto, considerou falsa a lenda. Assim surgiu uma nova era.

A eficácia dessa nova abordagem do conhecimento foi rápida e impressionante. No decorrer de poucos anos, Anaximandro compreendeu que a Terra navega no céu e que o céu continua também sob a Terra, que a água da chuva vem da evaporação da água terrestre, que é possível compreender toda a variedade das substâncias do mundo em termos de um só constituinte unitário e simples, que ele denomina ἀπείρων (*apeiron*), o indistinto, que os animais e as plantas evoluem e se adaptam às mudanças no ambiente, que o homem deve ter evoluído de outros animais, e assim por diante, lançando as bases de uma gramática da compreensão do mundo que ainda é a nossa.

Situada no ponto de conjunção entre a nascente civilização grega e os antigos impérios da Mesopotâmia e do Egito, nutrida pelo saber destes, mas imersa na liberdade e na fluidez política tipicamente gregas, num espaço social em que não havia palácios imperiais nem poderosas castas sacerdotais, em que os cidadãos comuns discutiam seu destino em praça pública, Mileto foi o lugar onde pela primeira vez os homens discutiram coletivamente as próprias leis, onde se reuniu o primeiro parlamento da história do mundo — o *Pannonium*, santuário de encontro dos delegados da Liga Jônia — e onde pela primeira vez os homens questionaram a ideia de que só os deuses podem explicar os fatos incompreensíveis do mundo. Discutindo, é possível alcançar as melhores decisões para a comunidade; discutindo, pode-se chegar a compreender o mundo. Esta é a imensa herança de Mileto, berço da filosofia, das ciências naturais, dos estudos geográficos e históricos. Não é exagero afirmar que toda a tradição científica e filosófica mediterrânea, ocidental e depois moderna tem uma raiz crucial na especulação dos pensadores de Mileto do século VI.[1]

Pouco depois, essa Mileto luminosa teve um fim terrível. A chegada do Império Persa e uma fracassada revolta anti-imperial levaram a uma violenta destruição da cidade, em 494 A.E.V.*, e grande número de seus habitantes foi escravizado. Em Atenas, o poeta Frínico compôs uma tragédia intitulada *A tomada de Mileto*, que comoveu profundamente os atenienses, a ponto de sua encenação ter sido proibida por causar demasiado sofrimento. No entanto, vinte anos depois os gregos rechaçaram a ameaça persa. Mileto renasceu, foi repovoada e voltou a ser um centro de comércio e de ideias, e a irradiar seu pensamento e seu espírito.

Nesse espírito provavelmente se inspirou o personagem com que iniciamos este capítulo, que no ano 450, segundo a tradição, embarcou de Mileto para Abdera. Seu nome era Leucipo. Sabemos pouco sobre sua vida.[2] Escreveu um livro intitulado *A grande cosmologia*. Ao chegar em Abdera, fundou uma escola científica e filosófica à qual logo se associou um jovem discípulo cuja longa sombra se agiganta sobre o pensamento de todos os tempos: Demócrito (figura 1.2).

O pensamento dos dois se confunde. Seus textos originais se perderam. Leucipo foi o mestre. Demócrito foi o grande discípulo: escreveu dezenas de textos sobre todos os campos do saber e foi respeitado profundamente na Antiguidade por quem conhecia esses textos. Foi considerado um dos grandes entre os sábios. "O mais perspicaz de todos os Antigos", segundo Sêneca.[3] "Quem podemos comparar a ele não apenas pela grandeza do talento, mas também do espírito?", perguntou-se Cícero.[4] Foi ele quem construiu a ampla catedral do atomismo antigo.

O que Leucipo e Demócrito descobriram? Os milésios entenderam que o mundo pode ser compreendido com a razão. Convenceram-se de que a variedade dos fenômenos naturais deveria ser atribuída a algo simples e tentaram entender o que po-

---

* O autor optou por usar "A.E.V.": "antes da era vulgar". (N. E.)

Figura 1.2 *Demócrito de Abdera.*

deria ser isso. Conceberam uma espécie de substância elementar da qual tudo podia ser feito. Entre os milésios, Anaxímenes imaginou que essa substância podia comprimir-se e rarefazer-se, transformando-se de um elemento de que é feito o mundo para outro. Era um embrião de física, elementar e rústico, mas estava na direção certa. Era necessária uma ideia, uma grande ideia, uma grande visão, para tentar sugerir qual poderia ser a ordem oculta do mundo. Leucipo e Demócrito tiveram essa ideia.

A grande ideia do sistema de Demócrito é extremamente simples: o Universo inteiro é constituído por um espaço vazio ilimitado, no qual correm incontáveis átomos. No Universo não existe nada além disso. O espaço é ilimitado, não há alto nem baixo, não há um centro, não há fronteiras. Os átomos não têm qualidade alguma a não ser sua forma. Não têm peso, não têm cor, não têm sabor: "Opinião o doce, opinião o amargo, opinião o quente, opinião o frio, opinião a cor: na verdade, apenas os átomos e o vazio".[5]

Os átomos são indivisíveis, são os grãos elementares da realidade, que não podem ser ulteriormente subdivididos e dos quais tudo é constituído. Movem-se livres no espaço, chocam-se uns contra os outros, se unem, se repelem, se prendem uns aos outros. Átomos similares se atraem e se agregam.

Essa é a estrutura do mundo. Essa é a realidade. Todo o resto é apenas o produto derivado, casual e acidental desse movimento e dessa combinação de átomos. Da combinação de átomos se produz a infinita variedade de todas as substâncias de que o mundo é feito.

Quando os átomos se agregam, tudo o que conta, tudo o que existe no nível elementar, é sua forma, sua disposição na estrutura e a maneira como se combinam. Do mesmo modo que combinando as vinte e poucas letras do alfabeto de maneiras diferentes é possível obter comédias ou tragédias, histórias ridículas ou grandes poemas épicos, combinando os átomos elementares se obtém o mundo na sua infinita variedade. A metáfora é de Demócrito.[6]

Não existe finalidade ou propósito nessa imensa dança de átomos. Nós, como toda a natureza, somos um dos tantos resultados dessa dança infinita. O produto de uma combinação acidental. A natureza continua a experimentar formas e estruturas, e nós, como os animais, somos o produto de uma seleção casual e acidental ocorrida em longuíssimos períodos de tempo. Nossa vida é uma combinação de átomos, nosso pensamento é constituído de átomos sutis, nossos sonhos são o produto de átomos, nossas esperanças e nossas emoções são escritas na linguagem formada pela combinação dos átomos, a luz que vemos são átomos que nos trazem imagens. De átomos são feitos os mares, as cidades e as estrelas. É uma visão imensa, ilimitada, incrivelmente simples e incrivelmente forte, sobre a qual mais tarde será construído o saber de uma civilização.

Sobre essa base, Demócrito articulou em dezenas de livros um vasto sistema no qual eram tratadas questões de física, de filosofia, de ética, de política, de cosmologia. Escreveu sobre a natureza da língua, a religião, o nascimento das sociedades humanas e sobre muitas outras coisas. (O início de sua *Pequena cosmologia* é fascinante: "Nesta obra trato de todas as coisas".) Todos esses livros se perderam. Conhecemos seu pensamento apenas por referências, citações e relatos de outros autores antigos.[7] O pensamento que daí emerge é um humanismo profundo, racionalista e materialista.[8] Demócrito combina uma enorme atenção à natureza, iluminada por uma límpida clareza naturalista em que qualquer resquício de pensamento mítico é descartado, com uma grande atenção à humanidade e uma seriedade profunda na visão ética da vida, que antecipa em 2 mil anos as melhores partes do Iluminismo setecentista. O ideal ético de Demócrito é o da tranquilidade do espírito, que se obtém com a moderação e o equilíbrio, com a confiança na razão sem se deixar abalar pelas paixões.

Platão e Aristóteles conheceram bem Demócrito e combateram as ideias dele. Fizeram-no em nome de ideias alternativas, que mais tarde, no decorrer dos séculos, criaram obstáculos para o avanço do conhecimento. Ambos insistiram em rejeitar as explicações naturalistas de Demócrito e em querer, ao contrário, compreender o mundo em termos finalistas, ou seja, pensando que tudo o que acontece tem uma finalidade, uma maneira de pensar que se revelaria muito ineficaz para compreender a natureza, ou então em termos de bem e de mal, confundindo questões humanas com questões que não nos dizem respeito.

Aristóteles fala difusamente das ideias de Demócrito, e com muito respeito. Platão nunca cita Demócrito, mas estudiosos modernos supõem que tenha sido uma escolha, não falta de co-

26

nhecimento. A crítica às ideias democritianas está implícita em muitos textos de Platão, por exemplo em sua crítica aos "físicos".

Numa passagem do *Fédon*, Platão põe nos lábios de Sócrates uma recriminação a todos os "físicos", que terá consequências: Platão se queixa de que, quando os "físicos" lhe explicaram que a Terra é redonda, ele se rebelou porque gostaria de saber qual seria o "bem" para a Terra ou de que modo o fato de ser redonda podia favorecer o seu bem. O Sócrates platônico afirma que se entusiasmou com a física, mas depois se desiludiu:

> Pensava que me diria antes de tudo se a Terra é plana ou redonda, mas depois me explicaria a causa da necessidade desta forma, partindo do princípio do melhor, provando-me que o melhor para a Terra é ter essa forma; e, se me dissesse que a Terra está no centro do mundo, que me demonstrasse que estar no centro é bom para a Terra.[9]

Como estava enganado, aqui, o grande Platão!

Existe um limite para a divisibilidade?

Richard Feynman, o maior físico da segunda metade do século XX, escreveu, no início de suas belíssimas lições introdutórias de física:

> Se em algum cataclismo todo o conhecimento científico fosse destruído, e fosse possível transmitir apenas uma frase para as próximas gerações, qual afirmação poderia conter o maior número de informações com o menor número de palavras? Creio que seja a hipótese de que todas as coisas são feitas de átomos. Nesta

frase está concentrada uma quantidade enorme de informação sobre o mundo, se depois usamos um pouco a imaginação e o pensamento.[10]

Demócrito já havia chegado à ideia de que tudo é feito de átomos, sem necessidade de toda a física moderna. Como fez?

Seus argumentos eram baseados na observação; por exemplo, imaginava (corretamente) que o desgaste de uma roda, ou a secagem de roupas estendidas, podiam ser decorrentes do lento desprendimento de partículas minúsculas de madeira ou de água. E também tinham caráter filosófico. Vamos nos deter nestes últimos argumentos, porque sua força chega à gravidade quântica.

Demócrito observou que a matéria não pode ser um todo contínuo, porque existe algo de contraditório em tal ideia. Conhecemos a argumentação de Demócrito porque Aristóteles a relata.[11] Imaginem, diz Demócrito, que a matéria seja divisível ao infinito, ou seja, que possa ser quebrada infinitas vezes. Imaginem, então, quebrar um pedaço de matéria precisamente ao infinito. O que restaria dela?

Poderiam restar algumas partículas com uma dimensão extensa? Não, porque, se fosse assim, o pedaço de matéria ainda não teria sido quebrado ao infinito. Portanto, deveriam restar apenas *pontos* sem extensão. Mas agora vamos tentar recompor o pedaço de matéria a partir dos pontos: ao juntar dois pontos sem extensão, não se obtém algo com extensão, nem tampouco ao juntar três, ou quatro. Por mais pontos que se juntem, jamais se obtém uma dimensão, porque os pontos não possuem extensão. Portanto, não podemos pensar que a matéria é constituída de pontos sem extensão, porque, por mais pontos que uníssemos, jamais obteríamos algo com uma dimensão extensa. A úni-

28

ca possibilidade — concluiu Demócrito — é que todo pedaço de matéria seja constituído por um número *finito* de pedacinhos distintos, indivisíveis, cada qual com uma dimensão *finita*: os átomos.

A origem dessa forma sutil de argumentar é anterior a Demócrito. Vem do Cilento, no sul da Itália, de uma cidadezinha que hoje se chama Vélia e que no século V A.E.V. se chamava Eleia, na época uma próspera colônia grega. Ali viveu Parmênides, filósofo que tomou muito ao pé da letra, talvez demais, o racionalismo de Mileto e a grande ideia, nascida lá, de que a razão nos mostra como as coisas podem ser diferentes do que parecem ser. Parmênides explorou uma via de pura razão para a verdade, que o levou a declarar ilusória toda aparência, abrindo um caminho que o levaria à metafísica, afastando-se pouco a pouco daquela que mais tarde seria denominada "ciência natural".

Seu discípulo Zenão, também de Eleia, trouxe argumentos sutis para apoiar esse racionalismo fundamentalista, que nega radicalmente a credibilidade da aparência. Entre seus argumentos há uma série de paradoxos, conhecidos como os "paradoxos de Zenão", os quais procuram mostrar que toda aparência é ilusória, argumentando que a ideia comum de movimento é absurda.[12]

O paradoxo mais famoso de Zenão é apresentado como uma pequena fábula: a tartaruga desafia Aquiles para uma corrida, partindo com uma vantagem de dez metros. Aquiles conseguirá alcançar a tartaruga? Zenão argumentou que, pela lógica, Aquiles não conseguirá alcançar a tartaruga. De fato, antes de alcançá-la, terá de percorrer os dez metros, e para isso empregará certo tempo. Durante esse tempo, a tartaruga terá avançado alguns decímetros. Para superar esses decímetros, Aquiles levará mais algum tempo, mas, enquanto isso, a tartaruga avançará um pouco mais, e assim por diante, até o infinito. Aquiles necessita, portanto, de um número *infinito* de tempos para alcançar a tartaruga, e um *número infinito de tempos*, argumentou Zenão, é um *tempo infinito*. Assim, ele concluiu que, pela lógica, Aquiles levará um tempo infinito para alcançar a tartaruga, ou seja, não podemos ver Aquiles alcançando a tartaruga. No entanto, como vemos Aquiles alcançar e ultrapassar todas as tartarugas que deseja, consequentemente o que vemos é irracional e, portanto, ilusório.

Vamos ser sinceros: isso não convence. Onde está o erro? Uma resposta possível é que Zenão errou porque não é verdade que ao somar um número infinito de coisas se obtenha uma coisa infinita. Imagine que você corte um barbante ao meio, depois corte uma das metades ao meio, e assim por diante, até o infinito. No final, obterá um número infinito de barbantes, cada vez menores, cuja soma, porém, será finita, porque terá sempre o mesmo comprimento que o barbante de partida. Assim, um número infinito de barbantes pode produzir um barbante finito; um número infinito de tempos pode produzir um tempo finito, e o herói, mesmo tendo de superar um número infinito de trajetos cada vez menores, empregando para cada um deles um tempo finito, acabará alcançando a tartaruga num tempo finito.[13]

O aparente paradoxo parece resolvido. A solução é a ideia do contínuo, ou seja, a ideia de que podem existir tempos arbitrariamente pequenos, dos quais um número infinito somam um tempo finito. Aristóteles foi o primeiro a intuir essa possibilidade, desenvolvida detalhadamente pela matemática moderna.

Mas será essa a solução correta no mundo *real*? Existem realmente barbantes arbitrariamente pequenos? Podemos de fato cortar um barbante um número *arbitrariamente grande* de vezes? Existem mesmo tempos infinitamente pequenos? Existem realmente espaços infinitamente pequenos? Esse é o problema com o qual a gravidade quântica terá de lidar.

Segundo a tradição antiga, Zenão encontrou Leucipo e foi seu mestre. Leucipo conhecia, portanto, os raciocínios confusos de Zenão. Mas imaginou um caminho *diferente* para resolvê-los. Talvez, sugeriu Leucipo, não exista nada arbitrariamente pequeno: há um limite inferior para a divisibilidade.

O Universo é granular, não contínuo. Com pontos infinitamente pequenos, jamais se conseguiria construir a extensão (como no argumento de Demócrito relatado por Aristóteles e mencionado anteriormente). A extensão do barbante deve ser formada por um número *finito* de objetos com um tamanho *finito*. O barbante *não* pode ser cortado ao infinito; a matéria não é contínua, é constituída de átomos individuais de tamanho finito.

Esteja o argumento abstrato certo ou errado, ainda assim a conclusão – hoje sabemos – é bastante acertada. A matéria efetivamente possui uma estrutura atômica. Se divido uma gota d'água ao meio, obtenho duas gotas d'água. Cada uma dessas gotas pode ser dividida novamente, e assim por diante. Mas não posso continuar ao infinito. A certa altura, terei apenas uma molécula, e serei obrigado a parar. Não existem gotas d'água menores que uma única molécula de água.

Como sabemos disso hoje? Os indícios se acumularam no decorrer dos séculos. Muitos deles vieram da química. As substâncias químicas são todas compostas por combinações de poucos elementos e formadas por proporções (de peso) dadas por números inteiros. Os químicos criaram um modo de pensar as substâncias como se elas fossem compostas por moléculas constituídas por combinações fixas de átomos. Por exemplo, a água, H_2O, é composta por duas partes de hidrogênio e uma de oxigênio.

Mas esses eram apenas indícios. Ainda no início do século passado, muitos cientistas e filósofos consideravam a hipótese atômica uma tolice. Entre eles, por exemplo, o importante físico e filósofo Ernst Mach, cujas ideias sobre o espaço serão cruciais para Einstein. No final de uma conferência de Boltzmann na Academia Imperial da Ciência em Viena, Mach declarou publicamente: "Eu não acredito na existência dos átomos!". Estávamos em 1897. Muitos ainda consideravam, como Mach, que a observação dos químicos era apenas uma maneira convencional de resumir regras de reações químicas, e não que *realmente* existiam moléculas de água compostas por dois átomos de hidrogênio e um de oxigênio. Não vemos os átomos, diziam eles. E jamais poderemos vê-los. Além disso, no fundo, qual seria o tamanho de um átomo?, perguntavam. Demócrito jamais conseguira medir o tamanho de seus átomos...

A prova definitiva da chamada "hipótese atômica", de acordo com a qual a matéria é constituída de átomos, teve de esperar até 1905. Quem a encontrou foi um jovem de 25 anos, rebelde e irrequieto, que estudou física, mas não conseguiu encontrar emprego como físico e sobrevivia trabalhando como empregado no departamento de patentes de Berna. Falarei muito desse jovem no restante deste livro, bem como dos três artigos que em 1905 ele enviou à mais renomada revista de física da época, a *Annalen der Physik*. O primeiro desses artigos contém a prova definitiva de que os átomos existem e calcula a dimensão deles, encerrando definitivamente o problema aberto por Leucipo e Demócrito 23 séculos antes.

O nome do jovem de 25 anos é, obviamente, Albert Einstein (figura 1.3).

Figura 1.3 *Albert Einstein.*

Como ele fez? A ideia é incrivelmente simples. Poderiam chegar a ela todos os que, desde a época de Demócrito, tivessem a inteligência de Einstein e domínio da matemática suficiente para fazer a conta, esta sim nada fácil. A ideia é a seguinte: ao observar atentamente algumas partículas muito pequenas, como um floco de poeira ou um grãozinho de pólen, suspensas no ar ou em um líquido, vemos que elas tremulam. Impelidas por essa tremulação, movem-se ao acaso, ziguezagueando, e desse modo pouco a pouco vão à deriva, afastando-se paulatinamente da posição de partida. Esse movimento ziguezagueante das partículas num fluido foi denominado "movimento browniano", em homenagem a Robert Brown, um biólogo que o descreveu com atenção no século XIX. Uma típica trajetória de uma partícula que segue esse movimento está ilustrada na figura 1.4. É como se as partículas recebessem chutes aleatórios de um lado e de

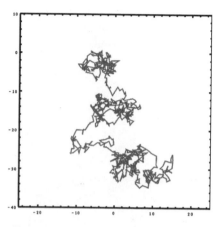

Figura 1.4 *Típica trajetória browniana.*

outro. De fato, não é "como se" recebessem chutes: é isso mesmo que acontece. Elas tremulam porque são empurradas pelas moléculas individuais de ar, que atingem o grãozinho ora pela direita, ora pela esquerda.

O ponto sutil é o seguinte. As moléculas de ar são inúmeras e, *em média*, as que atingem o grãozinho pela esquerda são tantas quantas as que o fazem pela direita. Se as moléculas de ar fossem infinitamente pequenas e infinitamente numerosas, o efeito dos choques pela direita e pela esquerda se equilibraria exatamente a cada instante, e o grãozinho não se moveria. Mas a dimensão finita das moléculas, o fato de elas terem um número finito e não infinito, causa algumas *flutuações* (esta é a palavra-chave): ou seja, os choques nunca se equilibram exatamente a cada momento, mas se equilibram apenas *em média*. Imaginem por um instante que as moléculas fossem poucas e muito grandes: nesse caso, o grãozinho receberia claramente apenas um golpe de vez em quando, ora da direita, ora da esquerda, e, portanto, se moveria de um lado e de outro de maneira significativa, como uma bola chutada por garotos que correm num campo de jogo. De fato, quanto menores são as moléculas, mais os choques se equilibram num pequeno intervalo de tempo, e menos o grãozinho se movimenta.

Portanto, com um pouco de matemática, é possível partir da magnitude do movimento do grãozinho, que pode ser observado, e chegar à dimensão das moléculas. Foi o que Einstein fez aos 25 anos. A partir das observações sobre a deriva dos grãozinhos nos fluidos, das medidas do quanto eles "driftam", ou seja, movem-se à deriva, ele calculou as dimensões dos átomos de Demócrito, dos grãos elementares de que é feita a matéria, e, depois de 2300 anos, forneceu a prova definitiva da exatidão da principal intuição de Demócrito: a matéria é granular.

A natureza das coisas

> *Carmina sublimis tunc sunt peritura Lucreti,*
> *exitio terras cum dabit una dies.*
> Ovídio, Amores[14]

Com frequência penso que a perda de toda a obra de Demócrito[15] é a maior tragédia intelectual subsequente à derrocada da civilização antiga. Convido o leitor a ler a lista dos títulos de Demócrito em nota; é difícil não ficar consternado ao imaginar o que perdemos de uma vasta reflexão científica antiga.

Infelizmente, restou-nos tudo de Aristóteles, com base em quem depois se reconstruiu o pensamento ocidental, e nada de Demócrito. Talvez, se tivéssemos recebido tudo de Demócrito e nada de Aristóteles, a história intelectual de nossa civilização teria sido melhor.

Mas séculos de pensamento único dominante monoteísta não permitiram a sobrevivência do naturalismo racionalista e materialista de Demócrito. O fechamento das escolas de pensamento antigas e a destruição de todos os textos que não estivessem de acordo com o pensamento cristão foram amplos e sistemáticos, após a brutal repressão antipagã que se seguiu aos éditos do imperador Teodósio de 390-1 E.V., que declararam o cristianismo religião única e obrigatória do império. Platão e Aristóteles, pagãos que acreditavam na imortalidade da alma, podiam ser tolerados por um cristianismo triunfante, Demócrito não.

Há, contudo, um texto que se salvou do desastre e chegou até nós inteiro, através do qual conhecemos um pouco do pensamento do atomismo antigo, e, sobretudo, do espírito daquela ciência: o esplêndido poema *A natureza das coisas* — o *De rerum natura* —, do poeta latino Lucrécio.

Lucrécio aderiu à filosofia de Epicuro, discípulo de um discípulo de Demócrito. Epicuro estava interessado em questões de caráter mais ético que científico, e não tinha a profundidade do pensamento de Demócrito. Às vezes traduzia de maneira superficial o atomismo democritiano. Mas sua visão do mundo natural era substancialmente a do grande filósofo de Abdera. Lucrécio colocou em versos o pensamento de Epicuro, portanto o atomismo de Demócrito, e assim salvou da catástrofe intelectual dos séculos obscuros uma parte desse profundo pensamento.

Lucrécio cantou os átomos, o mar, a natureza, o céu. Transpôs em versos luminosos questões filosóficas, ideias científicas e argumentos sutis.

Explicarei com quais forças a Natureza dirige o curso do Sol e o vagar da Lua, de modo que não devemos supor que eles façam o seu percurso anual entre o Céu e a Terra por livre-arbítrio ou que tenham sido postos a rodar em homenagem a algum plano divino [...].[16]

A beleza do poema está no sentimento de admiração que permeia a grande visão atomista. O sentido de profunda unidade das coisas que nasce do conhecimento de que somos feitos da mesma substância que as estrelas e o mar:

Nascemos todos da semente celeste, todos têm aquele mesmo pai, do qual a nossa mãe terra recebe gotas límpidas de chuva, e depois fervilhante produz o luminoso grão, e as árvores frondosas, e a raça humana, e todas as gerações de animais selvagens, oferecendo o alimento com que todos nutrem seus corpos para ter uma vida boa e gerar a prole [...].[17]

Há uma sensação de calma luminosa e de serenidade no poema, que vem da compreensão de que não existem deuses voluntariosos que nos pedem coisas difíceis e nos castigam. Há uma alegria vibrante e leve, desde os maravilhosos versos de abertura, dedicados a Vênus, símbolo resplandecente da força criativa da Natureza:

[...] de ti, deusa, de ti fogem os ventos, de ti e de teu advento se afastam as nuvens do céu; por ti a laboriosa terra faz desabrochar as suaves flores, para ti sorriem as imensidões do mar e, em paz, o céu resplandece, inundado de luz.[18]

Há uma aceitação profunda da vida de que fazemos parte:

Como não ver que a Natureza, com gritos imperiosos, só nos pede que o corpo seja libertado do sofrimento e que a alma desfrute de uma sensação de alegria, desimpedida de anseios e temores?[19]

E há uma aceitação serena da morte inevitável que anula todos os males, da qual não há motivo para ter medo. Para Lucrécio, a religião é a ignorância e a razão é a luz que ilumina.

O texto de Lucrécio, esquecido por séculos, foi redescoberto em janeiro de 1417 na biblioteca de um mosteiro na Alemanha pelo humanista Poggio Bracciolini. Ele foi secretário de muitos papas e um caçador apaixonado de livros antigos, a exemplo dos grandes achados de Francesco Petrarca. Sua descoberta do texto de Quintiliano modificou o currículo das faculdades de direito de toda a Europa, e sua revelação do tratado de arquitetura de Vitrúvio transformou a maneira de construir os edifícios. Mas seu grande triunfo foi ter reencontrado Lucrécio. O livro achado por Poggio se perdeu, porém a cópia realizada por seu amigo Niccolò Niccoli ainda se mantém conservada em Florença, na Biblioteca Laurenciana, e é conhecida como o "Código Laurenciano 35.30".

O terreno certamente já estava fértil para algo novo quando Poggio devolveu à Europa o livro de Lucrécio. Desde a geração de Dante já havia sido possível ouvir palavras bem novas:

Vós que em meu coração pousastes o olhar
e vistes a mente que dormia
vede a angústia de minha vida
que suspirando a destrói o Amor.[20]

Mas a redescoberta do *De rerum natura* teve um efeito profundo sobre o Renascimento italiano e europeu,[21] e encontramos seus reflexos diretos ou indiretos nas páginas de autores que vão de Galileu[22] a Kepler,[23] de Bacon a Maquiavel. Em Shakespeare, um século depois de Poggio, há uma deliciosa aparição dos átomos:

Mercúcio: "Oh! Vejo agora que recebestes a visita da rainha Mab. Ela é a parteira das fadas e vem, em tamanho não maior que uma ágata no indicador de um ancião, puxada por uma parelha de pequenos átomos, que pousam no nariz dos homens, enquanto jazem adormecidos [...]".[24]

Os ensaios de Montaigne contêm ao menos uma centena de citações de Lucrécio. Mas a influência direta de Lucrécio chega a Newton, Dalton, Spinoza, Darwin, até Einstein. A própria ideia de Einstein de que a existência dos átomos é revelada pelo movimento browniano das partículas minúsculas imersas em fluido pode ser encontrada em Lucrécio. Eis a passagem do *De rerum natura* em que Lucrécio expõe argumentos como sustentação (uma "prova viva") da ideia dos átomos:

[...] temos uma prova viva disso diante de nossos olhos: se observares com atenção um raio de sol que entra por uma pequena fresta em um quarto escuro, verás que, ao longo da linha luminosa, numerosos corpos diminutos se movem e se misturam, chocam-se um com o outro, se aproximam e se afastam sem cessar. A partir disso, podes deduzir como os átomos se movem no espaço. [...]
Presta bastante atenção: os corpúsculos que vês vagar e misturar-se no raio de sol mostram que a matéria subjacente tem movimentos imperceptíveis e invisíveis: de fato, podes ver que eles muitas vezes mudam de direção e são repelidos para trás, ora

para um lado, ora para o outro, ora para cima, ora para baixo, em todas as direções.

Isso acontece porque os átomos se movem de modo autônomo, e as coisas pequenas são impelidas pelos átomos e seu movimento é determinado por esses choques [...]. Assim, dos átomos nasce o movimento das coisas que vemos mover-se no raio de sol, cujo estranho movimento não tem, de outro modo, uma causa clara.[25]

Einstein ressuscitou a "prova viva" apresentada por Lucrécio, e provavelmente concebida primeiro por Demócrito, e a consolidou traduzindo-a em matemática, alcançando assim o cálculo das dimensões atômicas.

A Igreja católica tentou deter Lucrécio: em dezembro de 1516, o Sínodo de Florença proibiu sua leitura nas escolas. Em 1551, o Concílio de Trento baniu a obra de Lucrécio. Mas era tarde demais. Toda uma visão de mundo, que havia sido expulsa pelo fundamentalismo cristão medieval, reemergiu em uma Europa cujos olhos estavam novamente abertos para ver. Não eram apenas o naturalismo, o racionalismo, o ateísmo, o materialismo de Lucrécio que se reapresentavam para a Europa. Não era apenas uma brilhante e serena meditação sobre a beleza do mundo. Era muito mais: era uma estrutura de pensamento articulada e complexa para pensar a realidade, um modo novo e radicalmente diferente daquele que por séculos foi o pensamento da Idade Média.[26]

O cosmos medieval, maravilhosamente cantado por Dante, era interpretado com base em uma organização espiritual e hierárquica do Universo que refletia a organização hierárquica da sociedade europeia: uma estrutura esférica do cosmos, tendo a Terra como centro, a separação irredutível entre terra e céu, explicações finalistas e metafóricas de todos os fenômenos naturais, o medo de Deus e da morte, pouca atenção pela natureza, a ideia de que formas precedentes às coisas determinavam a estrutura do mundo, a ideia de que as únicas fontes do conhecimento eram o passado, a Revelação e a tradição... Não há nada disso no mundo de Demócrito cantado por Lucrécio. Não há o temor dos deuses, não existem finalidades ou causas do mundo, não existe hierarquia cósmica nem distinção entre terra e céu. Há um amor profundo pela natureza, a imersão serena nela, o reconhecimento de que somos profundamente parte dela, de que homens, mulheres, animais, plantas e nuvens são peças orgânicas de um todo maravilhoso e sem hierarquias. Há um sentimento de profundo universalismo, a exemplo das palavras esplêndidas de Demócrito: "Toda terra está aberta ao sábio, porque a pátria de uma alma virtuosa é o Universo inteiro".[27]

Existe a ambição de poder pensar o mundo em termos simples. De poder indagar e compreender os segredos da natureza. De saber mais que os nossos pais. E há instrumentos conceituais extraordinários sobre os quais mais tarde construirão Galileu, Kepler e Newton: a ideia do movimento livre e retilíneo no espaço; a ideia dos corpos elementares e de suas interações, que constroem o mundo; a ideia do espaço como recipiente do mundo.

E existe a ideia simples de um limite para a divisibilidade das coisas. A granularidade do mundo. Uma ideia que apreende o infinito que pode estar entre nossos dedos. Essa ideia estava na base da hipótese atômica, mas retorna mais forte com a mecânica quântica e hoje está mais uma vez mostrando sua força, como pedra angular da gravidade quântica.

O primeiro a conseguir compor os fios do mosaico que começou a se desvelar a partir do naturalismo renascentista — e a recolocar a grande visão democritiana, imensamente fortalecida, no centro do pensamento moderno — foi um inglês: o maior dos homens de ciência de todos os séculos, o protagonista com que se inicia o próximo capítulo.

2. Os clássicos

Isaac e a pequena lua

Se no capítulo anterior dei a impressão de que Platão e Aristóteles trouxeram apenas prejuízos para o desenvolvimento do pensamento científico, gostaria desde já de corrigi-la aqui. Os estudos de Aristóteles sobre a natureza — por exemplo, sobre a botânica e a zoologia — são obras científicas extraordinárias, baseadas em uma observação atenta do mundo natural. A clareza conceitual, a atenção para a variedade da natureza, a impressionante inteligência e amplitude de pensamento do grande filósofo foram modelos por séculos. A primeira grande física sistemática que conhecemos é a sua, e nada tem de ruim.

Aristóteles a expôs em um livro intitulado, precisamente, *Física*. O título do livro não assumiu o nome da disciplina tratada; ao contrário, foi a disciplina que assumiu o nome do livro de Aristóteles. Para ele, a física funcionava assim. Antes de tudo, é preciso distinguir céu e terra. No céu, tudo é constituído por uma substância cristalina, que se move de modo circular e eterno, girando em torno da Terra, em grandes esferas concêntricas, com nosso planeta, esférico, no centro. Na terra, ao contrário, é preciso diferenciar o movimento forçado do natural. O movimento forçado é produzido por um impulso e se detém quando o impulso se esgota. O movimento natural ocorre na vertical, para cima ou para baixo, dependendo das substâncias. Cada substância tem seu "lugar natural", ou seja, um nível próprio ao qual retorna sempre: a terra mais embaixo, a água um pouco mais acima, o ar ainda mais acima e o fogo ainda mais acima. Quando levantamos uma pedra e depois a soltamos, ela se move para baixo por um movimento natural para voltar ao nível de que lhe é próprio. Ao contrário, as bolhas de ar na água, ou então o fogo no ar, vão para o alto, sempre para retornar ao seu lugar natural.

Não zombemos dessa física, nem a tratemos mal, como se costuma fazer, porque é ótima física. É uma descrição boa e correta do movimento dos corpos imersos num fluido e sujeitos à gravidade e ao atrito, como são efetivamente todos os corpos na nossa experiência cotidiana. Não é física errada, como muitas vezes se diz.[1] É apenas uma aproximação. Mas a física de Newton também será uma aproximação da relatividade geral. E é provável que tudo o que saibamos hoje também seja uma aproximação de alguma outra coisa que ainda não sabemos. A física de Aristóteles ainda é um pouco rudimentar, e pouco quantitativa (nela não se fazem cálculos), mas é muito coerente e racional, e capaz de fazer previsões qualitativas corretas. Não por acaso, por muitos séculos foi um modelo para a compreensão do movimento no mundo.

Talvez ainda mais importante para o crescimento futuro da ciência tenha sido Platão. Foi ele quem compreendeu o alcance da grande intuição de Pitágoras e do pitagorismo: a chave para avançar, e superar Mileto, era a matemática. Pitágoras nasceu em

Samos, ilhota em frente a Mileto, e seus biógrafos antigos, como Jâmblico e Porfírio, contam que o jovem Pitágoras foi discípulo do ancião Anaximandro. Tudo nasce em Mileto. Pitágoras fez muitas viagens, provavelmente para o Egito e até para a Babilônia, e por fim se estabeleceu no sul da Itália, em Crotone, onde fundou uma seita religioso-político-científica que influenciou a política local e deixou uma herança essencial para o mundo inteiro: a descoberta da importância teórica da matemática. A ele são atribuídas as palavras: "É o número que governa as formas e as ideias".[2]

Platão livrou o pitagorismo da pesada e inútil bagagem mistificadora de que estava imbuído e extraiu dele sua mensagem mais importante: a linguagem adequada para compreender e descrever o mundo é a matemática. O alcance dessa intuição é imenso e é uma das razões do sucesso da ciência ocidental. De acordo com a tradição, Platão fez com que se inscrevesse na porta de sua escola a frase "Não entre quem não saiba geometria".

Impelido por essa convicção, foi Platão quem fez a pergunta fatal: a pergunta da qual surgiria, por um longo percurso indireto, a ciência moderna. Pediu a seus discípulos estudiosos de matemática que descobrissem as leis matemáticas seguidas pelos corpos celestes que vemos no céu. Vênus, Marte e Júpiter são bem visíveis no céu noturno e parecem mover-se um pouco por acaso para a frente e para trás entre as outras estrelas: era possível encontrar uma matemática capaz de descrever e prever seus movimentos?

O exercício, iniciado por Eudóxio na própria escola de Platão, e desenvolvido nos séculos subsequentes por admiráveis astrônomos como Aristarco e Hiparco, levou a astronomia antiga a um nível científico altíssimo. Nós conhecemos os triunfos dessa astronomia graças a um livro, o único que chegou até nós, o

Almagesto de Ptolomeu. Ptolomeu foi um astrônomo que viveu em uma Alexandria tardia, no primeiro século da nossa era, no período romano, quando a ciência já estava declinando, e pouco antes de desaparecer de todo, arrastada pela ruína do mundo helenista e depois sufocada pela cristianização do império.

O livro de Ptolomeu é um grandioso livro de ciência. Rigoroso, preciso, complexo, apresenta um sistema de astronomia matemática capaz de prever o movimento aparentemente casual dos planetas no céu, com precisão quase absoluta, dados os limites do olho humano na capacidade de observação. O livro é a prova de que a intuição de Pitágoras funciona. A matemática permite descrever o mundo e prever o futuro: os movimentos aparentemente errantes e desordenados dos planetas podem ser previstos com exatidão usando fórmulas matemáticas, que Ptolomeu, resumindo os resultados de séculos de trabalho dos astrônomos gregos, expôs de maneira sistemática e magistral. Também hoje, com um pouco de estudo, pode-se abrir o livro de Ptolomeu, aprender suas técnicas e *calcular* a posição, por exemplo, de Marte, no céu *futuro*. Hoje, 2 mil anos depois da época em que foram formuladas. Compreender que é realmente possível fazer essas magias é a base da ciência moderna, e muito se deve a Pitágoras e a Platão.

Após a derrocada da ciência antiga, ninguém da região mediterrânea conseguiu compreender Ptolomeu ou os pouquíssimos outros grandes livros da ciência antiga que sobreviveram à catástrofe, como os *Elementos* de Euclides. Na Índia, onde o saber grego aportou graças aos inúmeros intercâmbios comerciais e culturais, esses livros foram estudados e compreendidos. Da Índia, esse saber retornou ao Ocidente graças a eruditos cientistas persas e árabes que souberam compreendê-lo e preservá-lo. Mas a astronomia não teve avanços muito significativos por mais mil anos.

Mais ou menos na época em que Poggio Fiorentino descobriu o manuscrito de Lucrécio, o clima vibrante do humanismo italiano e o entusiasmo pelos textos antigos inebriaram também um jovem polonês, que foi estudar primeiro em Bolonha e depois em Pádua. Assinava à maneira latina: Nicolaus Copernicus. O jovem Copérnico estudou o *Almagesto* e se apaixonou por ele. Decidiu dedicar a vida à astronomia e seguir as pegadas do grande Ptolomeu.

Mas os tempos agora estavam maduros, e Copérnico, mais de um milênio depois de Ptolomeu, deu o salto que gerações de astrônomos indianos, árabes e persas não conseguiram dar: não simplesmente aprendeu, aplicou ou aperfeiçoou o sistema ptolomaico, mas aprimorou-o profundamente, tendo a coragem de modificá-lo em detalhe, em profundidade. Em vez de descrever corpos celestes que giram em torno da Terra, Copérnico escreveu uma espécie de versão revista e corrigida do *Almagesto* de Ptolomeu, na qual, porém, o Sol está no centro, e a Terra, juntamente com outros planetas, gira em torno do Sol.

Desse modo — esperava Copérnico — os cálculos deveriam funcionar melhor. Para dizer a verdade, não funcionavam muito melhor que os de Ptolomeu; ao contrário, no final das contas, eram até um pouco piores. Mas a ideia era boa. Foi preciso esperar Johannes Kepler, da geração seguinte, para fazer o sistema de Copérnico funcionar bem. Kepler, trabalhando obstinada, paciente e sensatamente sobre novas e precisas observações da posição dos planetas no céu, mostrou que algumas poucas e simples novas leis matemáticas descrevem exatamente o movimento dos planetas em torno do Sol, com uma precisão ainda maior que a obtida pelos Antigos. Estamos no século XVII, e pela primeira vez se conseguiu fazer algo melhor do que havia sido feito em Alexandria mais de mil anos antes.

Enquanto, no frio do Norte europeu, Kepler calculava os movimentos do céu, na Itália a nova ciência começou a deslanchar com Galileu Galilei. Exuberante, italiano, polêmico, briguento, cultíssimo, inteligentíssimo e transbordando criatividade, Galileu encomendou da Holanda um exemplar de uma nova invenção, a luneta, e tomou uma atitude que mudou a história do homem: apontou-a para o céu.

Viu coisas que nós humanos não podíamos imaginar: anéis em torno de Saturno, montanhas na Lua, fases de Vênus, satélites ao redor de Júpiter... Cada um desses fenômenos tornava mais plausível a ideia de Copérnico. Os instrumentos científicos começavam a abrir os olhos míopes da humanidade para um mundo muito mais amplo e diversificado que o imaginado até aquele momento.

Mas a grande ideia de Galileu, persuadido de que o sistema copernicano era correto, e convencido, portanto, de que a Terra é um planeta como os outros, foi alcançar a dedução lógica da revolução cósmica realizada por Copérnico: se os movimentos no céu seguem leis matemáticas precisas, e se a Terra é um planeta como os outros e, portanto, também faz parte do céu, então na Terra também devem existir leis matemáticas precisas que governam o movimento dos objetos.

Confiante nessa racionalidade profunda da natureza, na sensatez do sonho pitagórico-platônico de que a natureza pode ser compreendida pela matemática, Galileu decidiu estudar *como* os corpos se movem na Terra quando deixados livres, ou seja, quando caem. Convencido de que devia haver uma lei matemática, decidiu fazer alguns testes para encontrá-la. Pela primeira vez na história da humanidade, fez um *experimento*: com Galileu começa a ciência experimental. O experimento era simples: deixou cair alguns corpos, ou seja, deixou-os seguir aquilo que para

Aristóteles devia ser seu movimento natural, e procurou medir com precisão a que velocidade caíam.

O resultado foi clamoroso: os corpos não caem a uma velocidade constante, como sempre se pensou. Ao contrário, a velocidade aumenta de forma regular durante a queda. O que é constante não é a velocidade de queda, e sim a aceleração, ou seja, a velocidade em que muda a velocidade. Além disso, essa aceleração é a mesma para todos os corpos. Galileu fez a medição e descobriu que ela é igual a

9,8 metros por segundo por segundo,

ou seja, a cada segundo, a velocidade de um corpo que cai aumenta 9,8 metros por segundo. Lembrem-se deste número. Esta é a primeira lei matemática descoberta para os corpos terrestres: a lei da queda dos corpos ($x(t) = \frac{1}{2}at^2$). Até então, haviam sido encontradas leis matemáticas apenas para o movimento dos planetas no céu. A perfeição matemática não pertence, portanto, apenas ao céu.

Mas o maior resultado ainda estava por vir e seria obtido pelo grande Isaac Newton. O inglês estudou a fundo os resultados de Galileu e de Kepler, e combinando-os descobriu o diamante escondido. Seguimos o seu raciocínio, narrado por ele mesmo, usando a ideia da "pequena lua", em seu grande livro, os *Princípios matemáticos da filosofia natural*, a obra que funda a ciência moderna.

Suponhamos — escreveu Newton — que a Terra tenha muitas luas, como Júpiter. Além da Lua verdadeira, portanto, imaginemos que existem outras luas, em especial uma *pequena lua* que orbita nosso planeta a uma distância mínima, quase tocando a Terra, apenas um pouco mais elevada que os cumes das montanhas. A que velocidade viajaria essa pequena lua? Uma das leis encontradas por Kepler liga o raio da órbita ao período de revolução.[3] Como conhecemos o raio da órbita da Lua (medida na Antiguidade por Hiparco) e o seu período (um mês), com uma simples proporção podemos calcular o período que teria a pequena lua. O cálculo da proporção chega a um período de uma hora e meia: a pequena lua daria uma volta ao redor da Terra a cada hora e meia.

Ora, um objeto que gira em círculo não segue em linha reta: muda continuamente a direção da sua velocidade, e cada mudança de velocidade é uma aceleração. A pequena lua tem uma aceleração na direção do centro do círculo sobre o qual se move. É fácil calcular essa aceleração conhecendo o raio e a velocidade da órbita $(a = v^2/r)$, e portanto podemos fazê-lo. Newton fez o simples cálculo e obteve exatamente o resultado de...

9,8 metros por segundo por segundo!

Exatamente o mesmo número da aceleração medida por Galileu para os corpos que caem aqui na Terra!

Uma coincidência? Não pode ser, pensou Newton. Se o *efeito* é igual — uma aceleração para baixo de 9,8 metros por segundo por segundo —, a *causa* deve ser a mesma. E, portanto, a causa que faz a pequena lua girar em sua órbita deve ser a mesma que faz os corpos caírem na Terra.

Nós chamamos de "gravidade" a causa da queda dos corpos. Então essa mesma gravidade faria a pequena lua girar em torno da Terra. Sem essa gravidade, a pequena lua sairia de sua órbita e seguiria em linha reta. Mas então também a Lua verdadeira gira em torno da Terra atraída pela gravidade! E também as Luas de Júpiter são atraídas por Júpiter, e também os planetas giram em torno do Sol atraídos pelo Sol! Sem essa atração, cada corpo celeste flutuaria em linha reta. Mas então o Universo é um grande espaço onde os corpos viajam em linha reta, e se atraem uns aos outros por meio de "forças", e existe uma força universal de gravidade com que cada corpo atrai qualquer outro corpo... Uma imensa visão toma forma. De repente, depois de milênios, não existe mais separação entre o céu e a terra, não há um "nível natural" para as coisas, como queria Aristóteles, não existe o centro do mundo, as coisas deixadas livres já não retornam ao seu lugar natural, mas se movem em linha reta para sempre.

Um simples cálculo sobre a hipotética pequena lua permitiu que Newton esclarecesse como age a força da gravidade e calculasse sua intensidade ($F = G\frac{M_1 M_2}{r^2}$), determinada por aquela que hoje é chamada "constante de Newton", e indicada por G (de "gravidade"). A força da gravidade, concluiu Newton, age igualmente na terra e no céu. Na terra faz as coisas caírem, no céu, mantém os planetas e os satélites em suas órbitas. A força é a mesma.

É uma completa subversão de todo o esquema mental do mundo aristotélico, a visão de mundo predominante em toda a Idade Média. Imagine o Universo de Dante, por exemplo: como para Aristóteles, a Terra era uma bola no centro do Universo, cercada por esferas celestes. Agora não é mais. O Universo é um imenso espaço infinito salpicado de estrelas, sem centro e sem limite. É percorrido por corpos materiais que correm livres e em linha reta, a não ser que uma força, gerada por outro corpo, os obrigue a desviar. A referência ao atomismo antigo é transparente em Newton, ainda que formulada em termos convencionais:

Parece-me provável que, no princípio do mundo, Deus tenha formado a matéria de partículas sólidas, maciças, duras, impermeáveis e móveis, dotadas de determinadas dimensões e figuras, de determinadas propriedades e de determinadas proporções em relação ao espaço...[4]

O mundo da mecânica de Newton é simples e está resumido nas figuras 2.1 e 2.2. É o mundo de Demócrito que retorna. Um mundo feito de um imenso espaço indiferenciado, igual a si mesmo, onde correm eternamente partículas que atuam uma sobre a outra, e nada mais. O mundo que será cantado por Leopardi:

[...] *interminati spazi*
di là da quella, e sovrumani
silenzi, e profondissima quiete
io nel pensier mi fingo. [...]*

Porém agora a visão é imensamente mais forte que a democritiana, porque não é apenas uma imagem que tenta colocar ordem no mundo, mas se combina com a matemática, a herança de Pitágoras, e com a grande tradição da física matemática da astronomia alexandrina. O mundo de Newton é o mundo de Demócrito, matematizado.

Figura 2.1 *Do que é feito o mundo?*

* "[...] Infindos espaços/ para além dela, e sobre-humanos/ silêncios, e profundíssima quietude/ eu no pensamento imagino." (N. T.)

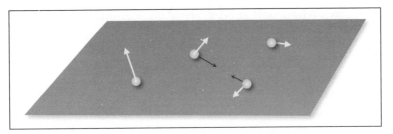

Figura 2.2 *O mundo de Newton: partículas que se movem no espaço, no decorrer do tempo, atraindo-se por meio de forças.*

Newton reconheceu sem hesitar a dívida da nova física com a ciência antiga. Por exemplo, nas primeiras linhas do *Sistema do mundo* atribuiu (corretamente) à Antiguidade a origem das ideias fundamentais da revolução copernicana: "Foi uma opinião muito antiga dos filósofos que nas partes altas do mundo as estrelas fixas permanecem imóveis e que a Terra gira em torno do Sol", apesar de ter ideias um pouco confusas sobre quem afirmava o que no passado, e citar, um tanto oportuna, um tanto inoportunamente, Filolau, Aristarco de Samos, Anaximandro, Platão, Anaxágoras, Demócrito, e (!) "o doutíssimo Numa Pompílio, rei dos romanos".

A força da nova construção intelectual newtoniana revelou-se imensa, muito além do que se esperava. Toda a tecnologia do mundo oitocentista e moderno apoiou-se em ampla medida nas fórmulas de Newton. Passaram-se três séculos, mas é ainda graças a teorias baseadas nas equações de Newton que hoje construímos pontes, trens e edifícios, motores e sistemas hidráulicos, fazemos aviões, calculamos as previsões do tempo, prevemos a existência de um planeta antes de vê-lo e enviamos naves espaciais a Marte... O mundo moderno não poderia ter nascido sem passar pela pequena lua de Newton.

Uma nova e ampla concepção do mundo, uma forma de pensar que será vista com entusiasmo pelo Iluminismo de Voltaire e de Kant, uma maneira concreta de calcular o futuro. Um esquema de referência e um modelo para todas as outras ciências. Tudo isso foi, e continua a ser, a imensa revolução do pensamento newtoniano.

Parece que a chave para compreender a realidade foi revelada: o mundo é constituído apenas de um grande espaço infinito, no qual, enquanto o tempo passa, correm partículas que se atraem umas às outras por meio de forças. Tudo parece redutível a esse esquema. Temos as equações precisas que governam esses movimentos. E essas equações se mostram muito eficazes. Ainda no século XIX, escrevia-se que Newton fora não apenas um dos homens mais inteligentes e de visão, mas também um dos mais afortunados, porque há um único sistema de leis fundamentais do mundo e coube justamente a ele a sorte de descobri-lo. Tudo parece claro.

Mas será realmente tudo?

Michael: os campos e a luz

Newton sabia muito bem que suas equações não descreviam *todas* as forças existentes na natureza. Devia haver outras forças além da gravidade, para impelir e atrair os corpos. As coisas não se movem apenas quando caem. Um primeiro problema em aberto deixado por Newton foi, portanto: compreender as *outras* forças. A compreensão das outras forças que determinam o que acontece ao nosso redor precisou esperar o século XIX e trouxe duas grandes surpresas.

A primeira delas é que quase todos os fenômenos observáveis na natureza são governados por *uma única* outra força, além da gravidade: a que hoje chamamos "eletromagnética". É essa força que mantém unida a matéria para formar corpos sólidos, que mantém juntos os átomos nas moléculas e os elétrons nos átomos. Que faz funcionar a química e, portanto, a matéria viva. É essa a força que atua nos neurônios do nosso cérebro, fazendo correr ali a informação sobre o mundo que percebemos. É também essa força a gerar o atrito que detém um objeto que escorrega, que torna suave a aterrissagem dos paraquedistas, que dá a partida em motores elétricos e motores a explosão,[5] que faz acender as lâmpadas, que nos permite ouvir rádio etc.

A segunda surpresa, crucial no que diz respeito à história que estou narrando, é que esclarecer o funcionamento dessa força exigiu uma modificação importante do mundo de Newton: dessa modificação nasceu a física moderna e a noção mais importante a ser focalizada para compreender a sequência deste livro: a noção de "campo".

Quem compreendeu como funciona a força eletromagnética foi outro britânico, ou melhor, dois: Michael Faraday e James Clerk Maxwell, a dupla mais heterogênea da ciência (figura 2.3).

Michael Faraday era um londrino pobre, sem educação formal, que trabalhou primeiro em uma oficina de encadernação de livros, depois em um laboratório, onde se fez notar, conquistou confiança e cresceu até se tornar o mais genial pesquisador experimental e o maior visionário da física do século XIX. Não conhecia a matemática e escreveu um maravilhoso livro de física praticamente sem nenhuma equação. Ele via a física com os olhos da mente, e com os olhos da mente criou mundos. James Clerk Maxwell, ao contrário, era um escocês rico, de família aristocrática, e foi um dos maiores matemáticos do século. Mesmo separados por uma abissal distância de estilo intelectual, bem como de origem social, ambos conseguiram se entender e,

Figura 2.3 *Michael Faraday e James Clerk Maxwell.*

juntos, unindo duas formas de genialidade, abriram o caminho para a física moderna.

O que se conhecia sobre eletricidade e magnetismo no começo do século XVIII eram poucos fenômenos burlescos de saltimbancos: varetas de vidro que atraem pedaços de papel, ímãs que se repelem e se atraem, e pouco além disso. O estudo da eletricidade e do magnetismo continuou lentamente por todo o século XVIII e no XIX. Faraday trabalhou em Londres em um laboratório cheio de bobinas, agulhas, ímãs, lâminas e pequenas gaiolas de ferro, explorando como as coisas elétricas e as magnéticas se atraem e se repelem. Bom newtoniano que era, procurou compreender, como todos, as propriedades da força que age entre as coisas dotadas de carga ou as coisas magnéticas. Mas pouco a pouco, trabalhando com as mãos em estreito contato com esses objetos, chegou a uma intuição que é a intuição básica da física moderna. "Viu" algo novo.

A intuição de Faraday foi esta: não se deve pensar, como fazia Newton, em forças que atuam diretamente entre objetos distantes um do outro. Ao contrário, deve-se pensar que existe uma entidade real difundida por todas as partes no espaço, que é modificada pelos corpos elétricos e magnéticos e que, por sua vez, age (repele e atrai) sobre os corpos elétricos e magnéticos. Essa entidade, cuja existência foi intuída por Faraday, hoje é chamada "campo".

O que é, portanto, o "campo"? Faraday imaginou-o formado por faixas de linhas muito finas (infinitamente finas) que preenchem o espaço. Uma gigantesca teia de aranha invisível que preenche tudo ao nosso redor. Deu a essas linhas o nome de "linhas de força", porque de algum modo são elas que "carregam a força": transportam a força elétrica e a força magnética, como se fossem cabos que atraem e repelem (figura 2.4).

Um objeto com carga elétrica (por exemplo, uma vareta de vidro atritada) distorce os campos elétricos e magnéticos ao seu redor, e esses campos, por sua vez, produzem uma força sobre todo objeto com carga neles imerso. Assim, duas cargas que estão a

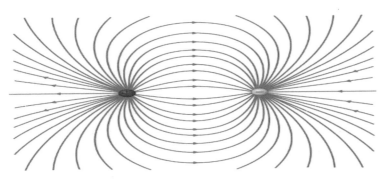

Figura 2.4 *O campo que preenche o espaço e dois objetos com carga elétrica com os quais o campo interage. A força entre os dois objetos é "transportada" pelas "linhas de força" do campo.*

certa distância uma da outra não se atraem nem se repelem *direta-mente*, mas o fazem através de um meio que se interpõe entre elas.

Se seguramos dois ímãs e brincamos um pouco com eles, aproximando-os e experimentando a força com que se atraem e, sobretudo, se repelem, não é muito difícil ter a mesma intuição de Faraday, "sentindo", através de seus efeitos, o *campo* que se interpõe entre os ímãs.

É uma ideia profundamente diferente da concepção newtoniana de força que atua à distância entre dois corpos. Mas Newton a teria aprovado. Newton estava indeciso em relação a essa ação à distância que ele mesmo introduziu. Como a Terra faz para atrair a Lua, que está tão longe? Como o Sol faz para atrair a Terra sem tocá-la? Ele escreveu em uma carta:

É inconcebível que a matéria inanimada possa, sem a mediação de outra coisa material, atuar sobre outra matéria, e ter um efeito sobre ela, sem que exista um contato.[6]

E, mais adiante, chegou a afirmar:

A possibilidade de que a gravidade seja inata, inerente à matéria, de modo que um corpo possa atuar à distância sobre outro através do vácuo, sem a mediação de alguma outra coisa [...] me parece tão absurda que penso que nenhum homem capaz de pensar questões conceituais jamais poderia aceitá-la. A gravidade deve ser causada por algum agente que atua de acordo com certas leis, mas deixo à consideração de meus leitores qual tipo de agente é esse.[7]

Com essas palavras, Newton considera absurdo seu próprio trabalho, louvado pelos séculos seguintes como o supremo triunfo da ciência! Ele se deu conta de que, atrás da ação à distância da sua força da gravidade, devia haver outra coisa, mas não tinha ideia do quê, e deixou a questão... "*à consideração de seus leitores*"!

É próprio do gênio ter consciência dos limites de seus resultados, mesmo diante de resultados imensos, como a descoberta de Newton das leis da mecânica e da gravitação universal. A teoria de Newton funcionou tão bem, foi tão útil, que por dois séculos ninguém tentou questioná-la. Até que Faraday, "o leitor" a cuja consideração Newton deixou o problema, encontrou a chave para compreender como os corpos fazem para se atrair e se repelir à distância. Posteriormente, Einstein aplicou a solução de Faraday também à própria gravidade de Newton.

Ao introduzir essa nova entidade, o "campo", Faraday saiu radicalmente da elegante e simples ontologia newtoniana: o mundo já não é feito apenas de partículas que se movem no espaço enquanto o tempo passa. Surge um novo ator, o campo. Faraday tinha consciência do alcance do passo que estava dando. Há páginas muito bonitas de seu livro em que se pergunta sobre essas "linhas de força" e se questiona se são realmente coisas reais. Depois de dúvidas e considerações, concluiu que são reais, mas propôs esta conclusão com "a hesitação que é necessária quando se enfrentam questões no mais profundo da ciência".[8] Faraday tinha consciência de que estava modificando a estrutura do mundo depois de dois séculos de ininterruptos sucessos do newtonianismo (figura 2.5).

Figura 2.5 *Do que é feito o mundo?*

Maxwell logo compreendeu que essa ideia era preciosa. E traduziu a intuição de Faraday, antes explicada apenas com palavras, em uma página de equações.[9] São as equações de Maxwell, que descrevem o comportamento do campo elétrico e do campo magnético, a versão matemática das "linhas de Faraday".[10]

Hoje as equações de Maxwell são usadas cotidianamente para descrever todos os fenômenos elétricos e magnéticos, para desenhar uma antena, um rádio, um motor elétrico ou um computador. Não apenas isso: depois se descobriu que essas mesmas equações explicam como funcionam os átomos (que se mantêm unidos por forças elétricas) ou como as partículas de matéria que formam uma pedra permanecem presas uma à outra ou como funciona o Sol; na verdade, elas explicam uma quantidade impressionante de fenômenos. Quase tudo o que vemos acontecer, exceto a gravidade e poucas outras coisas, é bem descrito pelas equações de Maxwell.

Mas não é só isso. Falta ainda aquela que é talvez a mais bela descoberta científica de todos os tempos: as equações explicam a luz.

O próprio Maxwell percebeu que suas equações previam que as linhas de Faraday podem vibrar e ondular exatamente como as ondas do mar. As ondulações das linhas de Faraday correm a uma velocidade que Maxwell calculou e que é... exatamente igual à velocidade da luz! O que isso significa? Maxwell compreendeu: significa que a luz nada mais é que uma vibração das linhas de Faraday! Faraday e Maxwell não apenas compreenderam como funcionam a eletricidade e o magnetismo, mas, ao mesmo tempo, como efeito colateral, entenderam o que é a luz!

Nós vemos o mundo ao nosso redor colorido. O que é a cor? É simplesmente a frequência (a velocidade de oscilação) das on-

60

das eletromagnéticas que formam a luz. Se as ondas vibram um pouco mais depressa, a luz é mais azul. Se vibram um pouco mais devagar, a luz é mais vermelha. A cor que vemos é nossa reação psicofísica aos sinais nervosos provenientes dos receptores nos nossos olhos, que são capazes de distinguir ondas eletromagnéticas de frequências diferentes.

Como será que Maxwell se sentiu ao notar que suas equações, nascidas para descrever forças entre as bobinas, gaiolas e agulhas do laboratório de Faraday, explicavam a luz e as cores?

A luz é apenas uma vibração rápida da teia formada pelas linhas de Faraday, que se encrespam como um lago quando sopra o vento. Assim, não é verdade que "não vemos" as linhas de Faraday. Vemos *apenas* as linhas de Faraday que vibram. "Ver" significa perceber a luz, e a luz é o movimento das linhas de Faraday. Nada pula de um lugar para outro do espaço sem que algo o transporte. Se vemos um menino brincando na praia, é apenas porque entre ele e nós existe esse lago de linhas vibrantes que traz a imagem até nós. O mundo não é maravilhoso?

A descoberta é extraordinária, mas ainda não é tudo. A outra descoberta tem um valor concreto para a humanidade, um valor incomparável. Maxwell percebeu que as equações previam que as linhas de Faraday podem vibrar mesmo em frequências muito mais baixas, ou seja, mais lentamente que as da luz. Desse modo, devia haver *outras* ondas, que ninguém ainda vira, que podem ser produzidas pelo movimento de cargas elétricas e que, por sua vez, induzem a movimentos de cargas elétricas. Portanto, devia ser possível agitar uma carga elétrica *aqui* e produzir uma onda que moverá uma carga elétrica *ali*. Só alguns anos depois essas ondas, previstas teoricamente por Maxwell, serão reveladas (pelo físico alemão Heinrich Hertz) e só mais alguns anos à frente Marconi construirá com elas o primeiro rádio.

Toda a moderna tecnologia das comunicações — rádio, televisão, telefones, computadores, navegadores via satélite, wi-fi, a internet etc. — é uma aplicação da previsão de Maxwell; suas equações são a base para todos os cálculos dos engenheiros das comunicações. Toda a civilização contemporânea, baseada na rapidez das comunicações, é fruto da intuição de um pobre encadernador de livros de Londres — habilidoso para explorar ideias e de imaginação fértil — que viu algumas linhas com os olhos da mente, e de um excelente matemático que traduziu tudo isso em equações e compreendeu que as ondas sobre essas linhas podem transportar instantaneamente notícias de um meridiano a outro do planeta.

Toda a tecnologia atual baseia-se no uso de um objeto físico — as ondas eletromagnéticas — que não foi "descoberto": foi primeiramente "previsto" por meio da matemática por Maxwell, que simplesmente encontrou a correta descrição matemática capaz de dar conta da intuição com que Faraday organizou as próprias observações com bobinas e agulhas. Essa é a força impressionante da física teórica.

O mundo mudou: já não é feito de partículas no espaço, e sim de partículas e campos que se movem no espaço (figura 2.6).

Figura 2.6 *O mundo de Faraday e Maxwell: partículas e campos que se movem no espaço, no decorrer do tempo.*

Parece uma mudança pequena, mas poucas décadas depois um jovem judeu, cidadão do mundo, extrairá dela algumas consequências que irão bem além da vívida imaginação de Michael Faraday e revolucionarão ainda mais profundamente o mundo de Newton.

Segunda Parte

O início da revolução

A física do século XX modificou radicalmente a imagem newtoniana do mundo. A eficácia dessas modificações está hoje amplamente demonstrada e constitui a base de muita tecnologia. Esse aprofundamento substancial da nossa compreensão do mundo fundamenta-se em duas grandes teorias: a relatividade geral e a mecânica quântica.

Ambas nos pedem para corajosamente recolocarmos em discussão as nossas ideias convencionais sobre o mundo. Espaço e tempo, no que diz respeito à relatividade; matéria e energia, no que se refere aos quanta.

Nesta parte do livro, ilustro detalhadamente as duas teorias, procurando esclarecer o significado físico central de ambas e evidenciar seu revolucionário alcance conceitual. Elas são o início da magia da física do século XX. Estudá-las e procurar compreendê-las a fundo é uma aventura emocionante.

Essas duas teorias são a base da qual hoje se parte para buscar a gravidade quântica. Sobre esses dois pilares, relatividade e quanta, se procura avançar.

3. Albert

O pai de Albert Einstein montava centrais elétricas na Itália. Quando Albert era garoto, as equações de Maxwell datavam de apenas duas décadas, mas a Revolução Industrial já começara na Itália, e as turbinas e transformadores que seu pai montava baseavam-se totalmente nessas equações. A força da nova física era evidente.

Albert era rebelde. Os pais o obrigaram a frequentar o ginásio na Alemanha, mas ele achava a escola alemã muito rígida, obtusa e militarista; por isso, entrou em conflito com a autoridade escolar e abandonou os estudos. Foi com os pais para Pavia, na Itália, e passava o tempo perambulando pela cidade. Os pais raramente compreendem que, para os adolescentes, ficar sem fazer nada pode ser a melhor maneira de empregar o tempo. Depois o garoto foi estudar na Suíça, mas não pôde entrar no Politécnico de Zurique, como desejava. Após os estudos universitários, não conseguiu emprego na universidade e, para poder morar com a moça que amava, precisou encontrar um trabalho: no departamento de patentes de Berna.

Não era lá um grande emprego para alguém formado em física, mas ali Albert encontrou tempo para pensar e trabalhar. E pensou e trabalhou. No fundo, foi o que fez desde jovem: em vez de se ocupar com o que lhe ensinavam na escola, lia os *Elementos* de Euclides e a *Crítica da razão pura* de Kant.

Com 25 anos, Einstein completou e enviou três artigos aos *Annalen der Physik*. Cada um dos três mereceria um Nobel, e mais que isso. Cada um dos artigos é um pilar absoluto de nossa atual compreensão do mundo. Do primeiro artigo, já falamos. É aquele com o qual o jovem Albert calculou a dimensão dos átomos e provou, depois de 23 séculos, que as ideias de Demócrito estavam corretas: a matéria é feita de átomos.

O segundo é aquele pelo qual Einstein é mais famoso: o artigo com que introduziu a teoria da relatividade, e à teoria da relatividade é dedicado este capítulo.

Para dizer a verdade, são duas as teorias da relatividade. O envelope enviado pelo jovem Einstein continha a apresentação da primeira delas: a teoria hoje conhecida como "relatividade restrita" ou, como é mais frequentemente chamada, "relatividade especial". A relatividade restrita fornece um esclarecimento importante da estrutura do espaço e do tempo, que ilustro antes de passar à maior teoria de Einstein: a relatividade geral.

A relatividade restrita é uma teoria sutil e conceitualmente difícil. Creio que seja mais difícil de digerir que a relatividade geral. Peço ao leitor que não desanime se o pequeno tópico a seguir parecer confuso. As noções que introduz mostram, pela primeira vez, que na visão newtoniana do mundo não apenas falta alguma coisa; há também algo que, se desejamos compreender o mundo, deve ser modificado radicalmente, de um jeito que vai contra a nossa maneira habitual de pensar. É o primeiro verdadeiro mergulho na modificação das concepções que nos são mais intuitivas.

O presente estendido

As teorias de Newton e de Maxwell parecem mostrar leves contradições entre si. As equações de Maxwell estabelecem uma velocidade: a da luz. Mas a mecânica de Newton não era compatível com a existência de uma velocidade fixa, porque o que entra nas equações de Newton é sempre a aceleração, não a velocidade. Na física de Newton, a velocidade sempre se refere ao movimento de alguma coisa em relação à outra. Foi Galileu quem ressaltou o fato de que a Terra pode mover-se mesmo sem que percebamos, porque o que aqui chamamos de "velocidade" é sempre velocidade "em relação à Terra". A velocidade, afirma-se, é um conceito *relativo*. Em outras palavras, não existe a velocidade de um objeto em si: existe apenas a velocidade de um objeto em relação a outro. Era o que se ensinava aos estudantes de física no século XIX e o que se ensina ainda hoje. Mas, se é assim, a velocidade da luz determinada pelas equações de Maxwell é velocidade em relação a quê?

Uma possibilidade é a existência de uma espécie de substrato universal em relação ao qual a luz se move àquela velocidade. Mas, concretamente, não se compreendem os efeitos desse substrato, uma vez que, seja como for, as previsões da teoria de Maxwell parecem independentes dele. Em especial, fracassaram todas as tentativas experimentais, realizadas no final do século XIX, de usar a luz para medir a velocidade da Terra em relação a esse hipotético substrato.

Einstein afirmou que não haviam sido experimentos particulares que o colocaram no caminho certo para resolver o equívoco; ele simplesmente refletira sobre a relação entre as equações de Maxwell e a mecânica de Newton, e se perguntara se, afinal, a teoria de Maxwell não podia ser coerente com o ponto principal das descobertas de Newton e Galileu, ou seja, com o fato de que a velocidade é uma noção apenas relativa.

Partindo de considerações desse tipo, Einstein chegou a uma descoberta impressionante. Para compreender do que se trata, caro leitor, pense em todos os acontecimentos passados, presentes e futuros em relação ao momento em que está lendo, e imagine que estão dispostos como na figura 3.1.

Pois bem, a descoberta de Einstein é que este desenho está errado. Na verdade, as coisas são como foi ilustrado na figura 3.2.

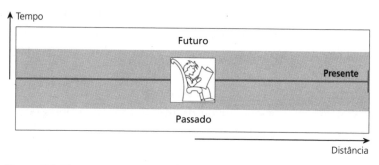

Figura 3.1 *Espaço e tempo antes de Einstein.*

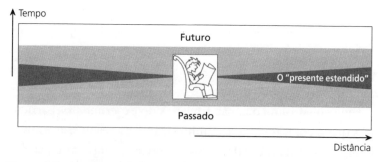

Figura 3.2 *A estrutura do "espaço-tempo". Para cada observador, o "presente estendido" é a zona intermediária entre o passado e o futuro.*

Entre o passado e o futuro de cada evento (por exemplo, entre o passado e o futuro para você, no lugar onde você está, e no preciso momento em que está lendo agora), existe uma "zona intermediária", um "presente estendido" daquele evento, uma zona que não é nem passada nem futura. Esta é a teoria da relatividade restrita.

A duração dessa "zona intermediária",[1] que não é nem passada nem futura em relação a você agora, é muito pequena e depende da distância que se encontra de você, como mostra a figura 3.2: quanto mais distante está de você, mais longa é a sua duração. À distância de alguns metros de seu nariz, leitor, a duração daquela que para você é a "zona intermediária", nem passada nem futura, é de alguns nanossegundos, ou seja, de um bilionésimo de segundo: um nada. Muito menos do que podemos notar (o número de nanossegundos contidos em um segundo é igual ao número de segundos contidos em trinta anos). Do outro lado do oceano em relação a você, a duração dessa "zona intermediária" é um milésimo de segundo, ainda muito abaixo do nosso limiar de percepção do tempo, ou seja, do tempo mínimo que conseguimos distinguir com os nossos sentidos, e que é da ordem de alguns décimos de segundo. Mas na Lua a duração do "presente estendido" é de alguns segundos, e em Marte é de quinze minutos. Isso significa que podemos dizer que em Marte há eventos que nesse preciso momento já aconteceram, eventos que ainda devem suceder, mas também quinze minutos de eventos durante os quais acontecem fatos que para nós não são nem passados nem futuros.

São alguma outra coisa. Nunca percebemos essa "outra coisa" porque aqui perto de nós ela dura pouco demais, e não somos mentalmente rápidos o bastante para notá-la. Mas existe e é totalmente real.

É por isso que não é possível ter uma conversa satisfatória entre a Terra e Marte. Se estou em Marte e você está aqui, eu lhe pergunto alguma coisa, você me responde assim que ouve o que eu disse e sua resposta chega a mim quinze minutos depois da pergunta. Esses meus quinze minutos são um tempo que não é nem passado nem futuro em relação ao momento em que você me respondeu. O ponto crucial, compreendido por Einstein, é que esses quinze minutos são inevitáveis: não há nenhuma maneira de suprimi-los. Eles estão entremeados nos eventos do espaço e do tempo: não podem ser eliminados, assim como não podemos enviar uma carta para o passado.

É estranho, mas é assim. Do mesmo modo que é estranho que em Sydney as pessoas vivam de cabeça para baixo em relação à Europa, mas é assim. Depois nos acostumamos e tudo se torna normal e muito sensato. É a estrutura do espaço e do tempo que é feita desse jeito.

Isso implica que não podemos dizer que um evento que acontece em Marte está de fato acontecendo "exatamente agora", porque não existe o "exatamente agora" (figura 3.3).[2] Em termos técnicos, diz-se que Einstein compreendeu que não existe a "simultaneidade absoluta", ou seja, não existe um conjunto de eventos no Universo que sejam todos existentes "agora". O nosso "agora" existe apenas aqui. O conjunto de eventos no Universo não pode ser descrito corretamente como uma sucessão de presentes, um subsequente ao outro; sua estrutura é mais complicada, como na figura 3.2. A figura descreve aquilo que em física se chama "espaço-tempo": o conjunto do passado e do futuro em relação a um evento, mas também daquilo que não é "nem-passado-nem-futuro", que não é um instante, mas tem uma duração.

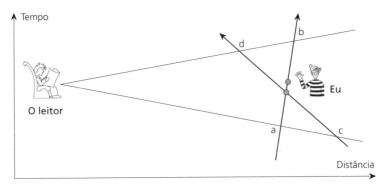

Figura 3.3 *A relatividade da simultaneidade.*

Na galáxia de Andrômeda, a duração desse "presente estendido" em relação a nós é de 2 milhões de anos. Tudo o que acontece durante esses 2 milhões de anos não é nem passado nem futuro em relação a nós. Se em Andrômeda vivesse uma civilização avançada e amigável que a certa altura decidisse enviar uma frota de naves espaciais para nos visitar, não faria sentido perguntar se a frota já partiu ou ainda não. A única pergunta sensata seria: "quando podemos receber o primeiro sinal dessa frota?".

Quais consequências concretas tem a descoberta dessa estrutura do espaço-tempo feita pelo jovem Einstein em 1905? Consequências diretas para a nossa vida cotidiana, praticamente nenhuma. Mas consequências indiretas sim, e grandes. O fato de espaço e tempo estarem intimamente ligados, como na figura 3.2, implica uma sutil e completa reescrita da mecânica de Newton, que Einstein realizou rapidamente em 1905 e 1906. Um primeiro resultado dessa reescrita é apenas formal: assim como tempo e espaço se fundem num conceito único de espaço-tempo, na nova mecânica, o campo elétrico e o campo magnético se fundem num conceito único, que hoje chamamos "campo eletromagnético". As complicadas equações escritas por Maxwell para os dois campos tornam-se muito mais simples escritas nessa nova linguagem.

No entanto, o resultado que traz grandes consequências é outro. Assim como acontece com tempo e espaço, e com campo elétrico e campo magnético, na nova mecânica os conceitos de *energia* e *massa* também se fundem. Antes de 1905, parecia certo que na natureza eram válidos *dois* princípios gerais: a conservação da massa e a conservação da energia. A conservação da massa havia sido verificada pelos químicos em todos os processos. A conservação da energia era decorrência direta das equações de Newton e era considerada uma das leis mais gerais e invioláveis. Mas Einstein se deu conta de que energia e massa são apenas duas faces da mesma entidade, assim como o campo elétrico e o magnético são duas faces do mesmo campo, e como o espaço e o tempo são dois aspectos do mesmo e único espaço-tempo. E compreendeu que a massa, por si só, não se conserva, e a energia — assim como era concebida até então — não se conserva sozinha. Uma pode se transformar na outra: existe *uma única* lei de conservação, não duas. O que se conserva é a soma de massa e de energia, não cada uma das duas separadamente. Em outras palavras: devem existir processos que transformam a energia em massa ou a massa em energia.

Um rápido cálculo levou Einstein a compreender quanta energia é obtida ao se transformar um grama de massa. O resultado, dado por sua famosa fórmula $E=mc^2$, é importante: a energia em que se transforma um grama de matéria é enorme, é uma energia igual à de milhões de bombas que explodem ao mesmo tempo, uma energia suficiente para iluminar as cidades e movimentar as indústrias de um país durante meses... ou então para destruir em um segundo centenas de milhares de seres humanos em uma cidade como Hiroshima.

As especulações teóricas do jovem Einstein levaram a humanidade a uma nova era: a era da energia nuclear. Uma era de novas possibilidades e de novos perigos. Hoje, graças à inteligência de um jovem rebelde e avesso a regras, temos os instrumentos para iluminar as casas dos 10 bilhões de seres humanos que logo habitarão esse planeta. Para viajar no espaço rumo às estrelas. Ou para destruirmos uns aos outros e devastar o planeta. Depende das escolhas que desejarmos fazer e dos governantes que escolhermos para nos representar.

Hoje a estrutura do espaço-tempo compreendida por Einstein foi estudada a fundo, testada repetidamente em laboratório e é considerada inquestionável. Tempo e espaço são um pouco diferentes do que se pensava a partir de Newton. A diferença é que não existe "o espaço" sozinho. Dentro do "espaço estendido" da figura 3.2 não há uma "fatia" particular que tenha mais direito do que outras de ser chamada "o espaço agora". Nossa ideia intuitiva de "presente", o conjunto de todas as coisas que estão acontecendo "agora" no Universo, é o efeito da nossa cegueira: da nossa incapacidade de reconhecer pequenos intervalos de tempo.

O presente é como a planura da Terra: imaginávamos que a Terra era plana apenas porque, em virtude da limitação dos nossos sentidos e da nossa capacidade de movimento, não víamos muito além do nosso nariz. Se vivêssemos em um asteroide com um quilômetro de diâmetro, logo perceberíamos que estamos em uma esfera. Se nosso cérebro e nossos sentidos fossem mais aprimorados, e distinguíssemos com facilidade tempos da ordem de nanossegundos, jamais chegaríamos a conceber a ideia de um "presente" estendido por toda a parte e logo reconheceríamos que entre o passado e o futuro existe essa zona intermediária. Perceberíamos que dizer "aqui e agora" tem sentido, mas é insensato dizer "agora" para designar fatos que "estão acontecendo agora" em todo o Universo. É como perguntar se a nossa galáxia está "acima ou abaixo" da de Andrômeda: uma pergunta sem sentido porque "acima" ou "abaixo" só têm sentido para duas coisas na superfície da Terra, não para dois objetos arbitrários no Universo. Não existe sempre um "acima" e um "abaixo" entre dois objetos quaisquer do Universo. Não existe sempre um "antes" e um "depois" entre dois eventos quaisquer que acontecem no Universo.

Quando os *Annalen der Physik* publicaram o artigo de Einstein em que tudo isso era explicado, a impressão no mundo da física foi muito forte. As aparentes contradições entre as equações de Maxwell e a física newtoniana eram bem conhecidas, e ninguém sabia como resolvê-las. A solução de Einstein, brilhante e elegantíssima, pegou todos de surpresa. Conta-se que, na penumbra das antigas salas da Universidade de Cracóvia, um austero professor de Física saiu de sua sala balançando o artigo de Einstein e gritando "nasceu o novo Arquimedes!".

Apesar do clamor suscitado por esse passo dado por Einstein em 1905 ao introduzir a relatividade restrita, esse não é seu maior triunfo. A verdadeira obra-prima de Einstein é a segunda teoria da relatividade, a teoria da *relatividade geral*, publicada dez anos depois por um Einstein de 35 anos.

A "relatividade geral" é a mais bela teoria física de todos os tempos, o primeiro dos dois pilares da gravidade quântica, e constitui o ponto central do relato deste livro. Aqui, caro leitor, começa a verdadeira e grande magia da nova física do século XX.

A mais bela das teorias

Einstein tornou-se um físico renomado depois de publicar a teoria da relatividade restrita, e recebeu ofertas de trabalho de várias universidades. Mas algo o perturbava: a relatividade restrita não era compatível com tudo o que sabemos sobre a gravidade. Ele se deu conta disso ao escrever uma resenha sobre a sua teoria e se perguntou se a obsoleta e embolorada "gravitação universal" do grande pai Newton também não devia ser revista, para se tornar compatível com a nova relatividade.

É muito fácil compreender a origem do problema: Newton tentou explicar por que as coisas caem e os planetas giram. Imaginou uma "força" que atrai todos os corpos um para o outro: a "força de gravidade". Não podia saber como essa força conseguia atrair as coisas de longe, sem que houvesse nada no meio: o próprio Newton, como vimos, desconfiou de que faltava algo na ideia de uma força que age à distância entre corpos que não se tocam, e que, para a Terra atrair a Lua, devia haver algo entre as duas que servisse de meio de transmissão da força. A solução foi encontrada por Faraday duzentos anos depois, mas não para a força da gravidade, e sim para a força elétrica e magnética, com a descoberta dos campos. Os campos elétrico e magnético "transportam" a força elétrica e a magnética.

A essa altura qualquer pessoa sensata terá percebido que a força de gravidade também deve ter suas linhas de Faraday. Fica claro, por analogia, que a força de atração entre o Sol e a Terra, e entre a Terra e os objetos que caem, também deve ser atribuída a um "campo", dessa vez um "campo gravitacional". A solução encontrada por Faraday e Maxwell para a pergunta sobre o que "transporta" a força pode ser razoavelmente aplicada não apenas à eletricidade, mas também à antiga força de gravidade. Deve haver um campo gravitacional e algumas equações, análogas às de Maxwell, capazes de descrever como as "linhas gravitacionais de Faraday" se movem. Nos primeiros anos do século, isso era claro para todas as pessoas suficientemente sensatas, ou seja, apenas para Albert Einstein.

Einstein, fascinado desde jovem pelo campo eletromagnético, que fazia girar os rotores das centrais elétricas construídas pelo pai, passou a pesquisar como podia ser feito o "campo gravitacional" e quais equações podiam descrevê-lo. Mergulhou no problema. Foram necessários dez anos para resolvê-lo. Dez anos de estudos intensos, tentativas, erros, confusão, ideias brilhantes, ideias equivocadas, uma longa série de artigos publicados com equações inexatas, erros e estresse. Finalmente, em novembro de 1915, Einstein publicou um artigo com a solução completa: uma nova teoria da gravidade, à qual denominou "teoria da relatividade geral", a obra-prima. Foi Lev Landau, o maior físico teórico da URSS, que a chamou de "a mais bela das teorias".

Não é difícil adivinhar o motivo da beleza da teoria. Em vez de tentar simplesmente inventar a forma matemática do campo gravitacional e descobrir suas equações, Einstein retornou a uma grande questão não resolvida nas profundidades da teoria de Newton.

Newton havia retomado a ideia de Demócrito de acordo com a qual os corpos se movem no *espaço*. O *espaço* devia ser um grande recipiente vazio, um caixote rígido para o Universo. Uma imensa estante na qual os objetos correm em linha reta, até que uma força os obrigue a fazer uma curva. Mas do que é feito esse "espaço", recipiente do mundo? O que é o espaço?

A ideia de espaço parece bastante simples para nós, mas essa impressão se deve sobretudo ao hábito da física newtoniana. Se pensarmos bem, o espaço vazio não faz parte da nossa experiência. De Aristóteles a Descartes, ou seja, por dois milênios, a ideia democritiana de um espaço como entidade distinta, separada das coisas, nunca foi aceita como razoável. Para Aristóteles, assim como para Descartes, as coisas são extensas, mas a extensão é uma propriedade das coisas: não existe extensão sem uma coisa extensa. Posso retirar a água de um copo, mas o ar entrará nele. Vocês já viram um copo realmente vazio?

Se entre duas coisas não há *nada*, pensava Aristóteles, então não pode haver nada mesmo. Como seria possível não haver nada e ao mesmo tempo haver alguma coisa: o espaço? O que seria esse "espaço vazio" em cujo interior as partículas se movem? É alguma coisa ou não é nada? Se não é nada, não existe, então podemos ignorá-lo. Se é alguma coisa, como é possível que sua única propriedade seja a de estar ali sem fazer nada?

Desde a Antiguidade, a ideia de um espaço vazio, a meio caminho entre uma "coisa" e uma "não-coisa", incomodou os pensadores. Demócrito, que colocou o espaço vazio na base do seu mundo, onde correm os átomos, certamente não teve toda a clareza sobre a questão e afirmou que esse seu espaço era algo que estava "entre o ser e o não-ser": "Demócrito postulou o cheio e o vazio como princípio, chamando um de 'Ser' e o outro de 'Não-Ser'".[3] O ser eram os átomos. O espaço era o "não-ser". Um não-ser que, contudo, existe. É difícil ser mais obscuro que isso.

Newton, que ressuscitou o espaço democritiano, tentou remediar a situação dizendo que o espaço era o *sensorium* de Deus. Mas ninguém nunca soube muito bem o que Newton entendia por *sensorium* de Deus, provavelmente nem ele mesmo; e com certeza a explicação não parecia nem um pouco convincente para Einstein, que, com ou sem *sensorium*, dava pouco crédito a um Deus, exceto para usá-lo em belas frases de efeito.

A ideia newtoniana de espaço tornou-se familiar para nós; mas, como havia ocorrido outrora com a ideia da Terra redonda, inicialmente desconcertou a maioria. Newton teve bastante trabalho para superar a resistência à sua ideia de ressuscitar a concepção democritiana do espaço: no começo, ninguém o levava a sério. Só a extraordinária eficácia de suas equações, que sempre acertavam as previsões, acabou calando as críticas. Mas as dúvidas dos filósofos sobre a correção da noção newtoniana de espaço persistiam, e Einstein, que gostava de ler os filósofos, as conhecia. Um filósofo que insistiu muito nas dificuldades conceituais da concepção newtoniana de espaço, cuja influência foi amplamente reconhecida por Einstein, é Ernst Mach: o mesmo que não acreditava nos átomos. Um bom exemplo de como a mesma pessoa pode ser míope para algumas coisas e ter boa visão para outras.

Einstein reuniu, portanto, não um, mas dois problemas. Primeiro: como descrever o campo gravitacional? Segundo: o que é o espaço de Newton?

Eis o extraordinário golpe de mestre de Einstein, uma das maiores inspirações no pensamento da humanidade: e se o campo gravitacional fosse precisamente o espaço de Newton, que nos parece tão misterioso? E se o espaço de Newton não fosse nada mais que o campo gravitacional?

Essa ideia, simples, belíssima, fulgurante, é a teoria da relatividade geral.

O mundo não é feito de espaço + partículas + campo eletromagnético + campo gravitacional. O mundo é feito apenas de partículas e campos, nada mais; não é preciso acrescentar o espaço como ingrediente adicional. O espaço de Newton *é* o campo gravitacional. Ou, ao contrário, o que dá no mesmo, o campo gravitacional *é* o espaço (figura 3.4).

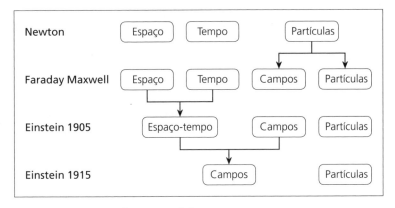

Figura 3.4 *Do que é feito o mundo?*

No entanto, ao contrário do espaço de Newton, que é plano e fixo, o campo gravitacional, sendo um campo, é algo que se move e ondula, que está sujeito a equações: como o campo de Maxwell, como as linhas de Faraday.

É uma simplificação impressionante do mundo. O espaço já não é diferente da matéria. É um dos componentes "materiais" do mundo, é o irmão do campo eletromagnético. É uma entidade real, que ondula, se dobra, se encurva, se distorce.

Nós não estamos contidos numa estante rígida invisível: estamos imersos num gigantesco molusco flexível (a metáfora é de Einstein). O Sol dobra o espaço ao seu redor e a Terra não gira em torno dele por ser atraída à distância por uma misteriosa força, e sim porque está correndo em linha reta num espaço que se inclina. Como uma bolinha que gira em um funil: não há forças misteriosas geradas pelo centro do funil, é a natureza curva das paredes que faz a bolinha girar. Os planetas giram em torno do Sol e as coisas caem porque o espaço ao redor deles está encurvado (figura 3.5).

 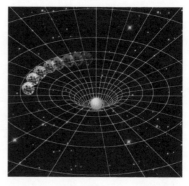

Figura 3.5 A Terra gira em torno do Sol porque o espaço-tempo ao redor dele é curvo. Um pouco como uma bolinha que gira sobre as paredes curvas de um funil.

Um pouco mais precisamente, o que se encurva não é o espaço, mas o espaço-tempo, que dez anos antes o próprio Einstein demonstrara ser um todo estruturado, e não uma sucessão de tempos.

Essa é a ideia. O problema de Einstein era apenas encontrar as equações para torná-la concreta. Como descrever esse encurvamento do espaço-tempo?

O maior matemático do século XIX, Carl Friedrich Gauss, o "príncipe dos matemáticos", escreveu os cálculos para descrever as superfícies curvas bidimensionais, como a superfície das colinas, ou como a representada na figura 3.6.

Depois pediu a um de seus melhores alunos que generalizasse tudo para espaços curvos de três dimensões, ou mais. O estudante, Bernhard Riemann, produziu uma impressionante tese de doutorado, daquelas que parecem completamente inúteis. O resultado foi que as propriedades de um espaço (ou espaço-tempo) curvo, em qualquer dimensão, são descritas por certo objeto matemático, que hoje chamamos de "curvatura de Riemann" e

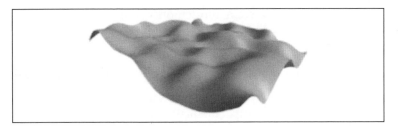

Figura 3.6 *Uma superfície (bidimensional) curva.*

indicamos por R_{ab}. Se pensamos em uma paisagem de planícies, colinas e montanhas, a curvatura R_{ab} do solo é zero nas planícies, que são planos "sem curvatura", é diferente de zero onde há vales e colinas, e é máxima onde há os picos pontiagudos das montanhas, ou seja, onde o terreno é menos plano, mais "curvo". Na tese de Riemann, descrevem-se da mesma maneira espaços curvos tridimensionais ou de quatro dimensões.

Einstein aprendeu a matemática de Riemann com muito esforço, pedindo ajuda a amigos que entendiam matemática melhor que ele, e escreveu uma equação segundo a qual a curvatura de Riemann R_{ab} do espaço-tempo é proporcional à energia da matéria. Ou seja: o espaço-tempo se curva mais onde há mais matéria. Isso é tudo. Essa equação é similar às de Maxwell, mas para a gravidade, e não para a eletricidade. A equação ocupa meia linha, nada além disso. Uma visão e uma equação.

Mas dentro dessa equação se descobre um Universo resplandecente. E se descortina a riqueza mágica dessa teoria. Uma sucessão fantasmagórica de previsões que parecem delírios de um louco. Ainda no início dos anos 1980, quase ninguém levava totalmente a sério a maioria dessas previsões rocambolescas. No entanto, uma depois da outra, todas elas foram verificadas experimentalmente. Vejamos algumas dessas experiências.

Para começar, Einstein recalculou o efeito de uma massa como o Sol sobre a curvatura do espaço circunstante e o efeito dessa curvatura sobre o movimento dos planetas. Reencontrou o movimento dos planetas previsto por Kepler e pelas equações de Newton, mas não exatamente: nas proximidades do Sol, o efeito da curvatura do espaço é mais forte que o efeito da força de Newton. Einstein calculou, em particular, o movimento do planeta Mercúrio, que é o mais próximo do Sol, e, portanto, aquele para o qual a discrepância entre as previsões da sua teoria e as da teoria de Newton é maior. Encontrou uma diferença: a cada ano, o ponto da órbita de Mercúrio mais próximo do Sol se desloca 0,43 segundo de arco a mais do que o previsto pela teoria de Newton. É uma diferença pequena, mas que está dentro do limite que os astrônomos conseguem medir. Comparando as previsões com as observações astronômicas, o veredicto é inequívoco: Mercúrio segue a trajetória prevista pela relatividade geral, não a prevista pela força de Newton. O veloz mensageiro dos deuses, o deus dos calçados alados, dá razão a Einstein, não a Newton.

A equação de Einstein, além disso, descreve como se curva o espaço muito próximo de uma estrela. Por causa dessa curvatura, a luz se desvia. Einstein previu que o Sol desvia a luz. Em 1919, a medição foi concluída, e constatou-se um desvio da luz exatamente da quantidade prevista.

Mas não é apenas o espaço que se encurva, é também o tempo. Einstein previu que o tempo na Terra passa mais rápido no alto e mais devagar embaixo. A medição demonstrou que é verdade. Hoje temos relógios bastante precisos, em muitos laboratórios, e é possível medir esse estranhíssimo efeito em desníveis de poucos centímetros. Coloque um relógio no chão e outro em cima da mesa: o do chão mede menos tempo passado que o da mesa. Por

Figura 3.7 *Dois gêmeos se separam e um deles passa algum tempo no mar enquanto o outro fica na montanha. Quando se reencontram, o gêmeo que viveu na montanha está mais velho. Essa é a dilatação gravitacional do tempo.*

quê? Porque o tempo não é universal e fixo, é algo que se alonga e se encurta dependendo da presença de massas próximas: a Terra, como todas as massas, distorce o espaço-tempo, reduzindo o tempo nas suas proximidades. É pouco, mas dois gêmeos que tenham vivido um na praia e outro na montanha descobrem que um é mais velho que o outro, ao se reencontrar (figura 3.7).

Isso permite dar uma nova explicação para o porquê de as coisas caírem. Ao olhar num mapa-múndi a rota de um avião que vai de Roma para Nova York, ela não parece reta: o avião faz um arco para o norte. Por quê? Porque, como a Terra é curva, passar mais para o norte é mais rápido que se manter no mesmo paralelo. As distâncias entre os meridianos são menores quando se está mais ao norte e, portanto, convém subir ao norte, para "ganhar tempo" (figura 3.8).

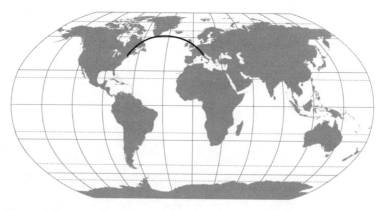

Figura 3.8 *Mais ao norte, as distâncias entre duas longitudes são menores.*

Figura 3.9 *Mais no alto, o tempo passa mais rápido.*

Uma bola lançada para o alto desce pelo mesmo motivo: "ganha tempo" passando mais para o alto, porque mais acima o tempo passa com velocidade diferente. Em ambos os casos, o avião e a bola estão percorrendo uma trajetória "reta" em um espaço (ou espaço-tempo) curvo (figura 3.9).[4]

Mas as previsões da teoria vão bem além desses efeitos mínimos. Todas as estrelas acabam se apagando quando queimam o hidrogênio de que dispõem: o combustível que as faz queimar. O material que resta já não é sustentado pela pressão do calor e se esmaga sob o seu próprio peso. Quando isso acontece com uma estrela bem grande, a matéria se comprime muito e o espaço se encurva tanto que entra em um verdadeiro buraco. Assim nascem os buracos negros.

Quando eu estava na universidade, os buracos negros eram considerados consequências pouco críveis de uma teoria esotérica. Hoje são observados no céu às centenas e estudados detalhadamente pelos astrônomos. Um desses buracos negros, com massa de cerca de 1 milhão de vezes a do nosso Sol, encontra-se no centro da nossa galáxia, e podemos observar estrelas inteiras que orbitam em torno dele, algumas delas fragmentadas pela sua gravidade, por estarem próximas demais.

Além disso, a teoria prevê que o espaço se encrespa como a superfície do mar, e esses encrespamentos são ondas parecidas com as eletromagnéticas, graças às quais podemos assistir televisão. Os efeitos dessas "ondas gravitacionais" são visíveis no céu nas estrelas binárias, que irradiam essas ondas perdendo energia e, portanto, se aproximando lentamente uma da outra.[5] Os efeitos observados coincidem com as previsões da teoria com enorme precisão: uma parte em 100 bilhões.

A isso se acrescenta depois a previsão, correta, de que o espaço do Universo está em expansão, e a dedução de que o Universo surgiu de uma explosão cósmica há 14 bilhões de anos, da qual logo falarei mais detalhadamente...

Toda essa rica e complexa fenomenologia — desvio dos raios de luz, modificação da força de Newton, desaceleração dos relógios, buracos negros, ondas gravitacionais, expansão do Universo, big bang... — deve-se à compreensão de que o espaço não é um inexpressivo recipiente imóvel, mas, assim como a matéria e os outros campos que ele contém, tem sua própria dinâmica, sua própria "física". Talvez o próprio Demócrito tivesse sorrido de satisfação se pudesse prever que a existência do seu "espaço" teria um futuro tão impressionante. É verdade que ele o chamava de "não-ser", mas o que entendia por "ser" (δὲν) era a matéria; para ele, o "não-ser", o vazio, "possui certa física (φύσιν) e uma subsistência própria".[6]

Sem a noção de campo introduzida por Faraday, sem a força espetacular da matemática, sem a geometria de Gauss e Riemann, essa "certa física" permanece muito vaga. Com o apoio dos novos instrumentos conceituais e da matemática, Einstein escreveu as equações que a descrevem, e dentro da "certa física" do vazio democritiano encontrou um mundo colorido e impressionante, onde explodem universos, o espaço mergulha em buracos sem saída, o tempo se torna mais lento ao baixar sobre um planeta e as ilimitadas extensões do espaço interestelar se encrespam como a superfície do mar...

Tudo isso, à primeira vista, parece "uma fábula contada por um idiota em um acesso de fúria". No entanto, é apenas um olhar para a realidade, um pouco menos velado que o da nossa ofuscada banalidade cotidiana. Uma realidade que também parece feita da matéria de que são feitos os sonhos, e contudo é mais real que o nosso nebuloso sonho cotidiano. E é apenas o resultado de uma intuição elementar: o espaço-tempo e o campo gravitacional são a mesma coisa. E de uma equação simples, que não posso deixar de transcrever aqui, mesmo que os meus 25 leitores não consigam decifrá-la... Espero, porém, que ao menos percebam sua grande simplicidade.

$$R_{ab} - \tfrac{1}{2} R g_{ab} + \Lambda g_{ab} = 8\pi G T_{ab}$$

Em 1915, a equação era ainda mais simples, porque ainda não havia o termo $+\Lambda g_{ab}$, acrescentado por Einstein dois anos depois,[7] e do qual falarei mais adiante. R_{ab} depende da curvatura de Riemann e, juntamente com Rg_{ab}, representa a curvatura do espaço-tempo; T_{ab} representa a energia da matéria; G é a mesma constante encontrada por Newton, a constante que determina a força da força de gravidade. Isso é tudo. Uma visão e uma equação.

Matemática ou física?

Antes de continuar com a física, preciso fazer uma pausa para tecer algumas considerações sobre a matemática. Einstein não era um grande matemático. Ao contrário, não era bom em matemática. Ele mesmo escreveu isso. Em 1943, respondeu assim a uma menina de nove anos, chamada Barbara, que lhe escreveu dizendo que tinha dificuldades com a matéria: "Não se preocupe se tem dificuldades com a matemática, garanto que as minhas foram ainda maiores".[8] Parece brincadeira, mas Einstein não estava brincando. Precisava de ajuda com a matemática e pedia explicações a colegas de estudo e amigos pacientes, como Marcel Grossmann. Prodigiosa era a sua intuição física.

Durante o ano em que terminava de construir a sua teoria, teve de competir com David Hilbert, um dos grandes matemáticos da história. Einstein fez uma conferência em Göttingen, na qual Hilbert estava presente. Este logo compreendeu que Einstein estava prestes a fazer uma descoberta importante: captou a ideia e se pôs a trabalhar para ganhar tempo e escrever antes dele as equações corretas da teoria. A partida final entre os dois gigantes foi eletrizante, jogada dia a dia: Einstein, em Berlim, fazia uma conferência pública por semana, apresentando a cada vez equações diferentes, angustiado com a possibilidade de Hilbert chegar antes dele. Mas as equações estavam sempre erradas. No final, Einstein venceu por um triz e encontrou as equações corretas.

Hilbert, educadamente, jamais questionou a vitória de Einstein, embora estivesse trabalhando nas mesmas equações. Ao contrário, escreveu uma frase gentil e belíssima, que capta com perfeição a difícil relação entre Einstein e a matemática, ou talvez entre toda a física e a matemática. A matemática necessária para essa teoria era a geometria em quatro dimensões, e Hilbert escreveu: "Um rapazinho qualquer das ruas de Göttingen[9] sabe geometria em quatro dimensões melhor que Einstein. Apesar disso, foi Einstein quem terminou o trabalho, não os matemáticos".

Por quê? Porque Einstein tinha uma capacidade única de *imaginar* como o mundo podia ser feito, de "vê-lo" em sua mente. As equações, para ele, vinham depois; eram a linguagem que tornaria concreta a sua capacidade de imaginar a realidade. A teoria da relatividade geral, para Einstein, não era um conjunto de equações: era uma imagem mental do mundo, que depois foi laboriosamente traduzida em equações.

A ideia da teoria é simplesmente que o espaço-tempo se curva. Se o espaço-tempo físico tivesse apenas duas dimensões, e vivêssemos em um plano, seria fácil imaginar o que significa "o espaço físico se curva". Significaria que o espaço físico em que vivemos não é como uma grande mesa plana, mas como uma superfície com montanhas e vales. No entanto, o mundo em que vivemos não tem duas dimensões, e sim três. Ou melhor, quatro, contando com o tempo. Imaginar um espaço com quatro dimensões que se encurva é mais complicado, porque na nossa intuição comum não temos a ideia de um "espaço maior" em cujo interior o espaço-tempo físico possa se encurvar. Mas a imaginação de Einstein não teve dificuldade em intuir a cósmica medusa em que estamos imersos, que pode se comprimir, esticar e distorcer, e constitui o espaço-tempo ao nosso redor.

Foi graças a essa clareza visionária que Einstein conseguiu ser o primeiro a construir a teoria.

Por fim, houve um pouco de tensão entre Hilbert e Einstein. Alguns dias antes de Einstein tornar pública a sua equação (publicada no final do item anterior), Hilbert enviou a uma revista um artigo em que mostrava estar muito próximo da mesma solução, e ainda hoje os historiadores da ciência hesitam ao avaliar a respectiva contribuição dos dois gigantes. Houve um período de frieza entre os dois, pois Einstein temia que Hilbert, mais velho e mais poderoso que ele, atribuísse a si mesmo demasiado mérito em relação à construção da teoria. Mas Hilbert jamais reivindicou a prioridade da descoberta da relatividade geral e, num mundo como o científico, onde com frequência — com demasiada frequência — disputas de prioridade acabam envenenando os espíritos, os dois deram um belíssimo exemplo de sabedoria, liberando o campo de todas as tensões: Einstein escreveu a Hilbert uma carta muito bonita, que resume o sentido profundo de como percebia seu próprio percurso.

Houve um momento em que surgiu entre nós uma espécie de mal-estar, cuja origem não quero analisar. Lutei contra a amargura que isso me trouxe e tive sucesso total. De novo penso em você com uma amizade sem nuvens e lhe peço que faça o mesmo comigo. Seria uma pena se dois colegas como nós, que conseguimos percorrer um caminho fora da mesquinhez deste mundo, não pudessem encontrar motivo de alegria um com o outro.[10]

O cosmos

Dois anos depois de ter publicado suas equações, Einstein decidiu tentar usá-las para descrever o espaço de todo o Universo, considerado em escala muito ampla. E assim teve outra de suas ideias impressionantes.

Durante milênios, os homens se perguntaram se o Universo era infinito ou se tinha uma borda. Ambas as hipóteses são difíceis. Um Universo infinito não parece sensato: se é infinito, por exemplo, em algum lugar há necessariamente outro leitor como você que está lendo o mesmo livro (o infinito é grande demais, e não há combinações suficientes de átomos para preenchê-lo completamente de coisas diferentes umas das outras). Aliás, deve haver não apenas um, mas uma sequência infinita de leitores iguais a você... Porém, se existe uma borda, o que é a borda? Que sentido tem uma borda se não houver nada do outro lado? Em Tarento, já no século VI A.E.V., o filósofo pitagórico Arquitas escreveu:

> Se me encontrasse no último céu, aquele das estrelas fixas, poderia estender a mão ou uma varinha além dele, ou não?
>
> É absurdo que eu não possa fazer isso; mas, se a estendo, então existirá um fora, seja corpo, seja espaço. Assim, sempre se procederá da mesma maneira para o termo a que se chegar a cada vez, repetindo a mesma pergunta; e se sempre existirá outra coisa para a qual se possa estender a varinha.[11]

Desde então, pareceu que a alternativa entre o absurdo de um espaço infinito e o absurdo de uma borda do Universo não tinha soluções possíveis.

Ora, pensou Einstein, na verdade podemos agradar a gregos e troianos: o Universo pode ser finito e ao mesmo tempo prescindir de uma borda, assim como a superfície da Terra não é infinita, é finita, mas não existe uma borda onde ela termina. Isso pode acontecer, naturalmente, se em coisas curvas (a superfície da Terra é curva), e o espaço da teoria da relatividade geral é precisamente curvo. Portanto, talvez o nosso Universo seja finito, mas sem borda.

Se caminho sempre em linha reta na superfície da Terra, não prossigo até o infinito: volto ao ponto de partida. Nosso Universo poderia ser feito da mesma maneira: se parto com uma espaçonave e viajo sempre na mesma direção, dou a volta no Universo e retorno à Terra. Um espaço tridimensional assim constituído, finito, mas sem bordas, é chamado "triesfera".

Para entender como é formada uma triesfera, voltemos um momento à esfera comum: a superfície de uma bola, ou a superfície da Terra. Para representar a superfície da Terra em um plano, podemos desenhar dois discos, como se faz habitualmente para desenhar os continentes (figura 3.10).

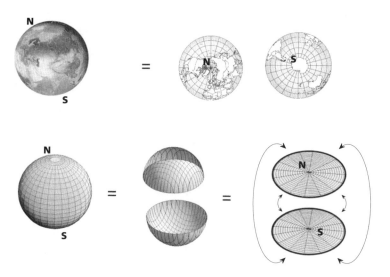

Figura 3.10 *Uma esfera pode ser representada por dois discos colados pela borda.*

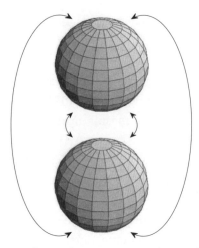

Figura 3.11 *Uma triesfera pode ser representada por duas bolas coladas pela borda.*

Note que um habitante do hemisfério sul está em certo sentido "circundado" pelo hemisfério norte, porque em qualquer direção que se mova para sair do seu hemisfério chegará sempre ao hemisfério norte. Mas o contrário também é verdade, obviamente. Cada um dos dois hemisférios "circunda" e ao mesmo tempo é circundado pelo outro hemisfério. Uma triesfera pode ser representada de forma parecida, mas com uma dimensão a mais: duas bolas coladas pela borda (figura 3.11).

Quando se sai de uma bola, entra-se na outra (assim como quando se sai de um dos dois discos da representação do mapa-múndi, entra-se no outro), porque cada uma das duas bolas "circunda" e ao mesmo tempo é circundada pela outra bola. A ideia de Einstein é, portanto, que o espaço poderia ser uma triesfera: com volume finito (a soma dos volumes das duas bolas), mas sem bordas.[12] A triesfera foi a solução que Einstein propôs para o problema da borda do Universo, no trabalho de

1917. Esse trabalho inaugurou a cosmologia moderna, o estudo de todo o Universo visível, observado em escala muito ampla. Dele se originou a descoberta da expansão do Universo, a teoria do big bang, o problema do nascimento do Universo etc. Falarei de tudo isso detalhadamente no capítulo 8.

Antes de concluir este capítulo, quero fazer outra observação sobre a ideia de Einstein de que o Universo é uma triesfera. Por mais incrível que possa parecer, a mesma ideia já havia sido concebida por outro gênio de um universo cultural totalmente diferente: Dante Alighieri. No *Paraíso*, Dante nos ofereceu sua grandiosa visão do mundo medieval, baseada no mundo de Aristóteles, com a Terra esférica ao centro, circundada pelas esferas celestes (figura 3.12).

Em sua fantástica viagem visionária, Dante sobe essas esferas, junto com Beatriz, até a esfera externa. Ao chegar ali, contempla o Universo abaixo dele, com os céus que giram, e embaixo, no fundo, no centro, a Terra. Mas depois olha ainda mais para o alto, e o que vê? Um ponto de luz circundado por imensas esferas de anjos, ou seja, outra bola imensa que, com suas palavras, "circunda e ao mesmo tempo é circundada" pela esfera do nosso Universo! Eis os versos de Dante no Canto XXVII do *Paraíso*: "[...] esta outra parte do Universo de um círculo o compreende, assim como ele aos outros"; e no Canto seguinte, sempre no último "círculo": "[...] parecendo encerrado por aquele que ele encerra". O ponto de luz e as esferas de anjos circundam o Universo e ao mesmo tempo são circundados pelo Universo! É exatamente a descrição de uma triesfera.

As representações habituais do Universo dantesco, comuns nos livros didáticos (como a reproduzida anteriormente), colocam as esferas angélicas separadas das dos céus. Mas Dante diz que as duas bolas "circundam e são circundadas" uma pela outra.

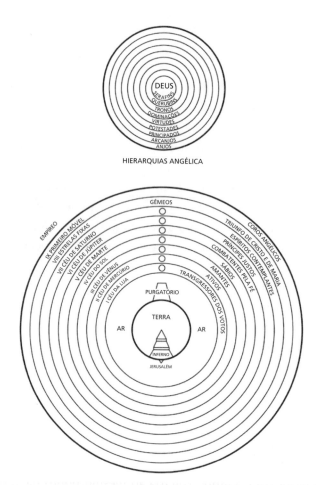

Figura 3.12 *Representação tradicional do universo dantesco.*

Em outras palavras, Dante tem uma clara intuição geométrica de uma triesfera.[13]

O primeiro a notar que o *Paraíso* descreve o Universo como triesfera foi o matemático americano Mark Peterson em 1979. Em geral, obviamente, os dantólogos não têm muita familiaridade com as triesferas. Hoje, todo físico ou matemático reconhece facilmente a triesfera na descrição dantesca do Universo. Como Dante pode ter tido uma ideia como essa, que parece tão moderna? Creio que isso foi possível, antes de tudo, graças à profunda inteligência do maior poeta italiano. E essa profunda inteligência é uma das fontes principais do fascínio da *Divina comédia*. Mas isso foi possível também porque Dante escreveu muito antes de Newton convencer a todos que o espaço infinito do cosmos é o plano da geometria euclidiana. Dante não estava preso pelas restrições da intuição que recebemos com a nossa educação newtoniana.

A cultura científica de Dante baseava-se principalmente nos ensinamentos de seu mestre e tutor, Brunetto Latini, de quem temos um delicioso tratado, o *Li Tresor*, uma espécie de enciclopédia do saber medieval, escrito em uma agradável mistura de francês e italiano arcaicos. No *Li Tresor*, Brunetto explicou em detalhes o fato de a Terra ser esférica. Mas o fez — curiosamente, para um leitor moderno — em termos de geometria "intrínseca", não "extrínseca". Ou seja, ele não escreveu: "A Terra é como uma laranja", como a veria alguém que a olhasse de fora; mas escreveu: "Dois cavaleiros que pudessem galopar por uma longa distância em sentido oposto se encontrariam do outro lado". E escreveu: "Um homem que se pusesse em movimento e caminhasse para sempre, voltaria ao mesmo ponto da Terra de que partira, se não fosse detido pelos mares", e assim por diante. Ou seja, ele sempre se coloca em uma perspectiva interna, e não externa. A perspectiva de alguém que caminha na Terra, e não de alguém que a olha de fora. À primeira vista, parece um modo inutilmente complicado de explicar que a Terra é uma bola. Por que Brunetto não disse simplesmente que a Terra tem a forma de uma laranja? Mas, pensando bem: se uma formiga caminha sobre uma laranja, a certa altura fica de cabeça para baixo, e deve estar bem presa com as ventosas das patinhas para não cair. Ao contrário, um viajante que caminha sobre a Terra nunca fica de cabeça para baixo e não precisa de ventosas para ficar preso ao chão. Portanto, as descrições de Brunetto não são tão tolas assim.

Pensando bem, alguém que aprendeu de seu mestre que a superfície do nosso planeta tem uma forma tal que, caminhando sempre em linha reta, se volta ao mesmo ponto, talvez não tenha tanta dificuldade em dar um passo além e imaginar que todo o Universo tem uma forma tal que, voando sempre em linha reta, se retorna ao mesmo ponto: uma triesfera é um espaço em que "dois cavaleiros alados que pudessem voar em direções opostas se encontrariam do outro lado". Em palavras mais técnicas: a descrição da geometria da Terra oferecida por Brunetto Latino no *Li Tresor*, que é feita em termos de geometria intrínseca (vista de dentro), e não extrínseca (vista de fora), é exatamente a adequada para generalizar a noção de "esfera" de duas dimensões para três. A melhor maneira de definir uma triesfera não é tentar "vê-la de fora", e sim descrever o que acontece movendo--se no seu interior.

Até agora eu não quis explicar a maneira que Gauss encontrou para descrever as superfícies curvas, generalizada por Riemann para descrever a curvatura dos espaços com três ou mais dimensões. Mas agora posso dizer: substancialmente, é a ideia de Brunetto Latini. Ou seja, a ideia de não descrever um espaço curvo "olhando-o de fora", isto é, dizendo como se curva dentro de outro espaço, e sim a de descrevê-lo em termos daquilo que alguém poderia medir *dentro* desse espaço, caso se movesse e medisse permanecendo apenas nesse espaço. Por exemplo, a superfície de uma esfera comum é — como observa Brunetto —

uma superfície em que todas as linhas "retas" voltam ao ponto de partida depois de ter percorrido a mesma distância (o comprimento do Equador). Uma triesfera é um espaço tridimensional com a mesma propriedade.

O espaço-tempo de Einstein não é curvo no sentido de que se curva "dentro de outro espaço maior". É curvo no sentido de que a sua geometria intrínseca, ou seja, a rede das distâncias entre seus pontos — que pode ser observada a partir de *dentro* do espaço, sem necessidade de olhá-lo de fora — não é a mesma de um espaço plano. É um espaço em que não vale o teorema de Pitágoras, assim como o teorema de Pitágoras não vale na superfície da Terra.[14]

Há uma maneira de compreender a curvatura de um espaço estando dentro dele, e sem vê-lo de fora, que é importante para o que diremos a seguir. Imagine que você está no polo Norte e caminha em direção ao sul até o Equador com uma flecha nas mãos apontada para a sua frente. Ao chegar ao Equador, dobra à esquerda sem mover a flecha. A flecha ainda aponta para o sul, agora à sua direita. Você percorre um trecho rumo ao leste ao longo do Equador e em seguida vira-se novamente para o norte, sem girar a flecha, que agora aponta para trás de você. Quando chegar de novo ao polo Norte, você terá feito um circuito fechado — um loop, em inglês —, e a flecha não apontará na mesma direção de quando você partiu (figura 3.13). O ângulo em que a flecha foi girada com relação a você ao se percorrer o loop é a medida da curvatura.

Mais adiante voltarei à maneira de medir a curvatura fazendo um loop no espaço. Esses serão os loops da teoria dos loops.

Dante deixou Florença no ano de 1301, enquanto estavam sendo finalizados os mosaicos da cúpula do Batistério. O assustador (aos olhos de um homem da Idade Média) mosaico que

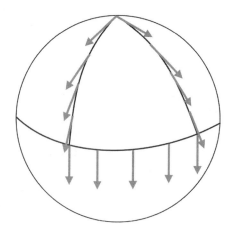

Figura 3.13 *Uma flecha transportada ao longo de um circuito (um loop) em um espaço curvo chega girada ao ponto de partida (transporte paralelo).*

representa o Inferno, obra de Coppo di Marcovaldo, mestre de Cimabue, foi muitas vezes apontado como uma fonte de inspiração para Dante (figura 3.14).

Pouco antes de começar este livro, entrei no Batistério junto com Emanuela Minnai, a amiga que me convenceu a escrevê-lo. Entrando no Batistério e olhando para cima, vê-se um ponto de luz (a entrada de luz da lanterna no ponto mais alto

Figura 3.14 *O mosaico de Coppo di Marcovaldo que representa o Inferno, no Batistério de Florença.*

da cúpula) circundado por nove ordens de anjos (com o nome mencionado para cada ordem: Anjos, Arcanjos, Principados, Potestades, Virtudes, Dominações, Tronos, Querubins e Serafins). É exatamente a estrutura da segunda esfera do Paraíso. Se imaginamos que uma formiga no pavimento do Batistério caminha em uma direção qualquer, é possível notar como, independentemente da direção tomada para subir na parede, ela chegaria ao teto, e ao mesmo ponto de luz circundado por anjos: o ponto de luz e seus anjos "circundam" e ao mesmo tempo são "circundados" pelas outras decorações internas do Batistério (figura 3.15).

Dante, como qualquer cidadão da Florença do final do século XIII, deve ter ficado profundamente impressionado com a grandiosa obra arquitetônica que sua cidade estava completando. Creio que o *Inferno* de Coppo di Marcovaldo pode não ter

Figura 3.15 *O interior do Batistério.*

sido a única inspiração que tirou do Batistério, mas também toda a arquitetura do seu cosmos. O *Paraíso* reproduz com exatidão sua estrutura, incluindo os nove círculos de anjos e o ponto de luz, traduzindo-a numa estrutura de duas para três dimensões. Seu mestre, Brunetto, depois de descrever o Universo esférico de Aristóteles, já havia acrescentado que, além dele, se encontrava o lugar do divino, e a iconografia medieval já imaginara o paraíso como um Deus circundado por esferas de anjos. No fundo, Dante apenas montou as peças já existentes, seguindo a sugestão da estrutura interna do Batistério, num todo arquitetônico coerente que resolve o antigo problema de eliminar as bordas do Universo, antecipando assim em seis séculos a triesfera einsteiniana.

Não sei se o jovem Einstein encontrou o *Paraíso* durante suas perambulações intelectuais italianas e se a imaginação fértil de nosso maior poeta teve influência direta sobre sua intuição de que o Universo pode ser finito e sem bordas. No entanto, com ou sem influência direta, creio que esse exemplo mostra como a grande ciência e a grande poesia são ambas igualmente visionárias, e às vezes podem chegar às mesmas intuições. Ao manter a separação entre ciência e poesia, nossa cultura é tola, porque se torna míope para a complexidade e a beleza do mundo, reveladas por ambas.

Certamente a triesfera de Dante é apenas uma vaga intuição dentro de um sonho. A triesfera de Einstein assume forma matemática, e ele a insere nas suas equações. O efeito é muito diferente. Dante nos comove profundamente, tocando a fonte de nossas emoções. Einstein abre um caminho que nos leva à fonte do nosso Universo. Mas um e outro estão entre os mais belos e significativos voos que o pensamento sabe fazer.

Voltemos, porém, a 1917, quando Einstein tentou inserir a ideia da triesfera na sua equação. Ele encontrou uma dificuldade. Estava convencido de que o Universo é imóvel e imutável, mas sua equação lhe diz que isso não é possível. Não é difícil compreender por quê. Visto que tudo se atrai, a única maneira de um Universo finito não desmoronar sobre si mesmo é que se expanda: assim como a única maneira de evitar que uma bola de futebol caia ao chão é chutá-la para o alto. Ou vai para cima, ou para baixo: não pode ficar parada a meio caminho. Einstein agarrou-se a uma tese inaceitável para não acreditar no que suas próprias equações lhe diziam. Chegou a cometer erros absurdos de física (não percebeu que a solução da equação que estava estudando era instável) para não aceitar a evidência do que sua teoria prevê: que o Universo está em contração ou em expansão. Por fim, foi obrigado a ceder: é a sua teoria que está certa, e não ele. Na mesma época, de fato, os astrônomos perceberam que todas as galáxias se afastam de nós. O Universo está de fato se expandindo, assim como previsto pelas equações de Einstein. As equações nos dizem como essa expansão aconteceu no passado. A consequência é que, há aproximadamente 14 bilhões de anos, o Universo devia estar quase todo concentrado num único ponto, muito quente. Dali, se dilatou uma gigantesca explosão "cósmica". (Aqui "cósmico" não é usado em sentido metafórico. É uma explosão "cósmica" de verdade.) É o chamado big bang, a "grande explosão".

Mais uma vez, no início ninguém acreditou nisso. O próprio Einstein se mostrou relutante em aceitar essas consequências extremas da sua teoria. Modificou as próprias equações para tentar evitá-las. O termo Λg_{ab}, que está na equação reproduzida ao final do primeiro item, foi acrescentado por isso. Porém Einstein estava errado: o termo acrescentado é correto, mas não evita a conclusão de que o Universo deve estar em expansão.

Hoje sabemos que a expansão é real. A prova definitiva de todo o cenário previsto pelas equações de Einstein chegou em 1964, quando dois radioastrônomos americanos, Arno Penzias e Robert Wilson, descobriram totalmente por acaso uma radiação, difusa em todo o Universo, que é exatamente o que resta do grande calor inicial. Mais uma vez a teoria se mostrou correta mesmo nas suas previsões mais espantosas.

Há obras-primas absolutas que nos emocionam intensamente, o *Réquiem* de Mozart, a *Odisseia*, a Capela Sistina, o *Rei Lear*... Para apreciar todo o seu esplendor pode ser necessário um longo percurso de aprendizado. Mas a recompensa é a pura beleza. O descortinar-se de um novo olhar sobre o mundo. A relatividade geral, a joia de Albert Einstein, é uma dessas obras-primas.

É necessário um percurso de aprendizado para compreender a matemática de Riemann e o domínio de alguma técnica para ler completamente as equações de Einstein. É preciso determinação e trabalho, mas menos que os necessários para conseguir compreender toda a sutil beleza de um dos últimos quartetos de Beethoven. Em ambos os casos, o esforço, uma vez feito, vale a pena: ciência e arte nos ensinam algo de novo sobre o mundo, dando-nos novos olhos para vê-lo, para compreender sua densidade, profundidade e beleza. A grande física é como a grande música: fala diretamente ao coração e abre os nossos olhos para a beleza, a profundidade e a simplicidade da natureza das coisas.

Não me esqueço da emoção que senti quando comecei a compreendê-la um pouco. Era verão. Eu estava em uma praia da Calábria, em Condofuri, imerso no sol do helenismo mediterrâneo, perto do último ano da universidade. Estudava um livro meio roído pelos ratos, porque de noite eu o usava para fechar as tocas desses bichinhos na casa em ruínas e um tanto hippie sobre a colina úmbria, onde eu me refugiava do tédio das aulas universitárias de Bolonha. De vez em quando, eu levantava os olhos do livro para observar a cintilação do mar: tinha a impressão de ver o encurvar do espaço e do tempo imaginados por Einstein. Era uma espécie de mágica: como se um amigo me sussurrasse ao ouvido uma extraordinária verdade oculta, e de repente tirasse um véu da realidade para revelar nela uma ordem mais simples e profunda.

Desde que aprendemos que a Terra é redonda e gira como um pião enlouquecido, compreendemos que a realidade não é o que parece. Sempre que vislumbramos um novo pedaço dela é uma emoção. Mais um véu que cai. O espaço-tempo é um campo, o mundo é feito apenas de campos e partículas, sem nada de separado, nem o espaço nem o tempo (figura 3.16). O salto realizado por Einstein é, talvez, um salto incomparável.

Em 1953, um menino do ensino fundamental escreveu a Albert Einstein: "Nossa turma está estudando o Universo. Estou muito interessado no espaço. Gostaria de lhe agradecer por tudo o que fez, assim nós podemos compreender".[15]

É assim que eu me sinto.

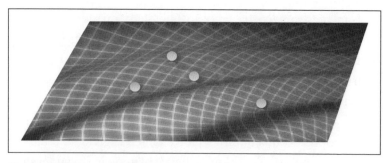

Figura 3.16 *O mundo de Einstein: partículas e campos que se movem em outros campos.*

4. Os quanta

Os dois pilares da física do século XX, relatividade geral e mecânica quântica não poderiam ser mais diferentes. A relatividade geral é uma joia compacta: concebida por uma única mente, baseada apenas no esforço de combinar as descobertas precedentes, é uma visão simples e coerente, conceitualmente límpida, de gravidade, espaço e tempo. A mecânica quântica, ou "teoria dos quanta", ao contrário, nasce direto de resultados experimentais, como medidas de intensidade de radiação, efeitos da luz sobre os metais e estudos sobre os átomos, fruto de uma gestação que durou um quarto de século, da qual muitos participaram. A teoria obteve um sucesso experimental incomparável, levando a aplicações que mudaram novamente a nossa vida cotidiana (o computador com que estou escrevendo, por exemplo), mas, um século depois de seu nascimento, ainda está envolta em um véu de obscuridade e incompreensibilidade.

Neste capítulo, procurarei esclarecer o estranho conteúdo físico dessa teoria, narrando como nasceu e como pouco a pouco surgiram as três ideias centrais em que ela se baseia: granularidade, indeterminismo e relacionalidade. No final do capítulo, resumo e procuro explicar essas três ideias de maneira sintética.

Outra vez Albert

Costuma-se dizer que os quanta nasceram exatamente no ano de 1900, praticamente estreando um século de intenso pensamento. Naquele ano, o físico alemão Max Planck calculou o campo elétrico em equilíbrio no interior de uma caixa quente. Para obter uma fórmula capaz de reproduzir corretamente os resultados experimentais, foi obrigado a usar um truque que parece absurdo: imaginar que a energia do campo elétrico está distribuída em "quanta", ou seja, em pacotes, em tijolinhos de energia. Planck pressupôs que o tamanho dos pacotes, ou seja, sua grandeza, depende da frequência (isto é, da cor) das ondas eletromagnéticas. Por ondas de frequência n, Planck assumiu que cada quantum, isto é, cada pacote, tem uma energia

$$E = h\upsilon$$

Nesta fórmula, a primeira da mecânica quântica, h é uma nova constante, que hoje chamamos "constante de Planck". É ela que determina a quantidade de energia existente em cada "pacote" de energia, para a luz de frequência (cor) υ. A constante h fixa a escala dos fenômenos quânticos.

A ideia de que a energia era constituída por pacotes finitos divergia de tudo aquilo que se sabia na época: a energia era considerada algo que podia variar de maneira contínua, e não havia motivo para tratá-la como se fosse feita de grãos. Por exemplo, um pêndulo em oscilação tem uma energia determinada pela amplitude da oscilação. Por que deveria oscilar apenas com determinadas amplitudes e não com outras? Para Max Planck, esse era apenas um estranho truque de cálculo, que funcionava — ou seja, reproduzia as medidas de laboratório — por razões nem um pouco claras.

Foi Albert Einstein — ele, mais uma vez — quem compreendeu, cinco anos depois, que os "pacotes de energia" de Planck são reais. Esse é o conteúdo do terceiro dos três artigos enviados aos *Annalen der Physik* em 1905. E essa é a verdadeira data de nascimento da mecânica quântica.

No artigo, Einstein mostrou que a luz é realmente feita de grãozinhos, partículas de luz. E o fez partindo de um fenômeno curioso observado havia pouco tempo: o efeito fotoelétrico. Existem substâncias que, quando são atingidas pela luz, geram uma fraca corrente elétrica, ou seja, emitem elétrons. São as que usamos, por exemplo, nas células fotoelétricas das portas que se abrem quando nos aproximamos. Não é estranho que isso aconteça, porque a luz carrega energia (por exemplo, nos esquenta), e essa energia faz os elétrons "pularem fora" de seus átomos: dá um impulso.

No entanto, de fato há algo estranho: pareceria razoável esperar que o fenômeno não ocorresse com pouca energia da luz, mas apenas com energia suficiente. Mas não é o que acontece: o que se observa é que o fenômeno só ocorre se a *frequência* da luz é alta e não ocorre se a *frequência* é baixa. Ou seja, ocorre ou deixa de ocorrer dependendo da *cor* da luz (a frequência), e não da *intensidade* da luz (a energia). É impossível explicar isso com a física clássica. Einstein retomou a ideia dos "pacotes de energia" de Planck, cujo tamanho depende precisamente da frequência, e compreendeu que, se esses são reais, o fenômeno é explicado.

Não é difícil compreender por quê. Imaginem que a luz chegue de maneira granular, em grãos de energia. Um elétron é atingido por um grão. Ele será lançado para fora de seu átomo se o grão individual que o atinge tiver muita energia e não se houver muitos grãos. Se, como imaginou Planck, a energia de cada grão for determinada pela frequência, o fenômeno só acontece se a frequência for muito alta, ou seja, se *cada* grão de energia é bem grande, e não depende da quantidade de energia em circulação. É como acontece numa chuva de granizo, por exemplo: o que determina se nosso carro ficará ou não amassado não é a quantidade total de granizo que cai, e sim o tamanho de cada pedrinha de granizo. Pode haver muito granizo, mas se todas as pedrinhas são pequenas, não causam danos. Da mesma maneira, mesmo se a luz for muito intensa, ou seja, se houver muita energia, os elétrons não serão lançados para fora de seu átomo se o tamanho de cada grão de luz for pequeno demais, isto é, se a frequência da luz for muito baixa. Isso explica por que é a cor, e não a intensidade, o que determina a ocorrência ou não do efeito fotoelétrico. Com esse simples raciocínio, Einstein recebeu o prêmio Nobel. (É fácil compreender as coisas depois que elas já foram compreendidas por outro. O difícil é compreendê-las pela primeira vez.)

Hoje esses pacotes de energia, ou pacotes de luz, são denominados "fótons", do grego φῶς, luz. Os fótons são os grãos de luz, ou os "quanta de luz". Na introdução do trabalho, Einstein escreveu:

Parece-me que as observações associadas à fluorescência, à produção de raios catódicos, à radiação eletromagnética que emerge de uma caixa e a outros fenômenos similares vinculados com a emissão e a transformação da luz são mais fáceis de compreender quando se pressupõe que a energia da luz é distribuída no espaço de maneira descontínua. Aqui considero a hipótese de que a energia de um raio de luz não seja distribuída de maneira contínua no espaço, mas, ao contrário, consista em um número finito de "quanta de energia" que estão localizados em pontos do espaço, se movem sem se dividir e são produzidos e absorvidos como unidades isoladas.[1]

Essas linhas, simples e claras, são a certidão de nascimento da teoria dos quanta. Observe-se o maravilhoso "Parece-me..." inicial, que lembra as hesitações de Faraday ou as de Newton ou a incerteza de Darwin nas primeiras páginas da *Origem das espécies*. O gênio tem consciência do alcance dos passos importantes que está realizando e sempre hesita...

Há uma relação clara entre o trabalho de Einstein sobre o movimento browniano que discuti no capítulo 1 e esse trabalho sobre os quanta de luz, ambos concluídos em 1905. No primeiro, Einstein chegou a encontrar a demonstração da hipótese atômica, ou seja, da estrutura granular da matéria. No segundo, estendeu essa mesma hipótese à luz: também a luz deve ter uma estrutura granular.

Inicialmente, o trabalho de Einstein foi tratado pelos colegas como uma tolice juvenil. Todos elogiavam Einstein pela teoria da relatividade, mas pensavam que a ideia dos fótons era extravagante. Há bem pouco tempo haviam se convencido de que a luz é uma onda do campo eletromagnético, e como podiam agora aceitar que uma onda era constituída de grânulos? Em uma carta recomendando Einstein ao ministério alemão, para a criação de uma cátedra para ele em Berlim, os físicos mais ilustres do momento escreveram que o jovem era tão brilhante que "se podiam desculpar" esquisitices como a ideia dos fótons. Não muitos anos depois, os mesmos colegas lhe atribuirão o Nobel justamente por ter compreendido a existência dos fótons. Em pequena escala, a luz chega a uma superfície como se fosse um chuvisco de partículas.

Compreender como a luz pode ser *tanto* uma onda eletromagnética *quanto*, ao mesmo tempo, um enxame de fótons exigirá toda a construção da mecânica quântica. Mas a primeira pedra da nova teoria foi assentada: existe uma *granularidade* no fundo de *todas* as coisas, incluindo a luz.

Niels, Werner e Paul

Se Planck é o pai biológico da teoria, Einstein é o genitor que a deu à luz e a criou. Mas como acontece frequentemente com os filhos, a teoria depois tomou seu próprio caminho, e Einstein não mais a reconheceu.

Durante os anos 1910 e 1920, é o dinamarquês Niels Bohr quem dirige seu desenvolvimento (figura 4.1). Bohr estudou a estrutura dos átomos, sobre a qual se começava a entender um pouco no início do século. Os experimentos haviam mostrado que um átomo é como um pequeno sistema solar: a massa está concentrada em um núcleo central pesado, em torno do qual giram leves elétrons, mais ou menos como os planetas em torno do Sol. Essa ideia, porém, não explicava um fato simples da matéria: que ela é colorida.

O sal é branco, a pimenta é preta, o pimentão é vermelho. Por quê? Estudando detalhadamente a luz emitida pelos átomos, percebe-se que as substâncias elementares têm cores que as diferenciam. Lembrem-se de que Maxwell descobriu que a cor é a frequência da luz. Portanto, a luz é emitida pelas subs-

Figura 4.1 *Niels Bohr.*

tâncias apenas em certas frequências. O conjunto de frequências que caracteriza dada substância se denomina "espectro" dessa substância. Um "espectro" é um conjunto de pequenas linhas coloridas de diversas cores, em que se decompõe (por exemplo, com um prisma) a luz emitida por determinada substância.

Os espectros de inúmeras substâncias haviam sido estudados e catalogados pelos laboratórios de física do início do século, e nenhum deles sabia explicar por que cada substância tinha esse ou aquele espectro. O que determina a posição das linhas? A cor é a frequência da luz, isto é, a velocidade em que vibram as linhas de Faraday. Esta, por sua vez, é determinada pela vibração das cargas elétricas que originam a luz e, para a matéria, essas cargas, são os elétrons que giram em torno dos átomos. Assim, estudando os espectros, pode-se compreender como os elétrons vibram ao redor dos núcleos e vice-versa: calculando as possíveis frequências com que um elétron gira em torno do seu núcleo é possível, em teoria, calcular, e portanto prever, o espectro de cada átomo. É fácil falar, mas de fato ninguém conseguia fazer isso. Ao contrário, a tarefa parecia impossível porque, segundo a mecânica de Newton, um elétron pode girar em torno de seu núcleo em *qualquer* velocidade e, portanto, emitir luz em *qualquer* frequência. Mas então por que a luz emitida por um átomo não contém *todas* as cores, e sim apenas poucas cores particulares? Por que os espectros atômicos não são um contínuo de cores, mas são compostos por poucas linhas separadas? Por que, como se diz na linguagem técnica, são "discretos" e não contínuos? Durante décadas, os físicos pareciam incapazes de responder a essas questões. Bohr encontrou o caminho, mas à custa de hipóteses muito estranhas.

Bohr compreendeu que tudo ficaria explicado se a energia dos elétrons nos átomos também pudesse assumir apenas certos valores "quantizados". Certos valores específicos, assim como Planck e Einstein haviam imaginado alguns anos antes para a energia dos quanta de luz. Mais uma vez, a chave é uma *granularidade*, mas agora não da luz, e sim da energia dos elétrons nos átomos. Começa-se a compreender que a granularidade da natureza é muito geral.

Bohr supôs que os elétrons só podem viver a certas distâncias "especiais" do núcleo, ou seja, apenas em certas órbitas particulares, cuja escala é determinada precisamente pela constante de Planck *h*, e podem "saltar" entre uma e outra das órbitas atômicas que têm as energias certas. São os famosos "saltos quânticos". Essas duas hipóteses definem o "modelo de átomo" de Bohr, cujo centenário foi celebrado em 2013. Com essas duas suposições (extravagantes, para dizer a verdade, mas simples), Bohr conseguiu calcular todos os espectros de todos os átomos e até prever corretamente espectros ainda não observados. O sucesso experimental desse modelo simples é de fato surpreendente. Evidentemente, essas suposições contêm alguma verdade, ainda que sigam na direção oposta à de todas as ideias correntes sobre a matéria e sobre a dinâmica. Mas por que apenas certas órbitas? E o que significa dizer que os elétrons "saltam"?

No Instituto de Bohr, em Copenhague, as jovens mentes mais brilhantes do século se reuniram para tentar colocar ordem nessa confusão de comportamentos incompreensíveis do mundo atômico e construir uma teoria coerente. A pesquisa foi longa e trabalhosa, e foi um alemão muito jovem quem encontrou a chave para abrir a porta do mistério.

Werner Heisenberg (figura 4.2) tinha 25 anos quando escreveu, pela primeira vez, as equações da mecânica quântica, assim como Einstein tinha 25 anos quando escreveu seus três artigos fundamentais. E o fez baseando-se em ideias estonteantes.

Figura 4.2 *Werner Heisenberg.*

A intuição lhe ocorreu certa noite, no parque atrás do Instituto de Física de Copenhague. O jovem Werner passeava pensativo pelo parque, que estava escuro (era 1925). Apenas alguns fracos lampiões faziam cair um pequeno círculo de luz aqui e ali. Os círculos de luz estavam separados por largos espaços de escuridão. De repente, Heisenberg viu um homem passando. Ou melhor, na verdade não o viu passar: viu-o aparecer embaixo de um lampião, a seguir desaparecer no escuro e, pouco depois, reaparecer embaixo de outro lampião, e depois novamente desaparecer no escuro. E assim por diante, de círculo de luz em círculo de luz, até desaparecer na noite. Heisenberg pensou que, "evidentemente", o homem não desaparecia e reaparecia de verdade, e que, com a imaginação, era possível reconstruir a verdadeira trajetória do homem entre um lampião e outro. Além do mais, o homem era um objeto grande, volumoso e pesado, e objetos grandes, volumosos e pesados não aparecem e desaparecem desse jeito...

Ah! *Estes* objetos, os grandes, volumosos e pesados não desaparecem e reaparecem... mas o que sabemos dos elétrons? Essa foi a ideia brilhante de Heisenberg. E se esse "evidentemente" não fosse válido para os objetos pequenos como os elétrons? Se um elétron pudesse efetivamente desaparecer e reaparecer? Se esses misteriosos "saltos quânticos" de uma órbita para outra pudessem explicar os espectros, sem saber bem por quê? Se, entre uma interação e outra com alguma outra coisa, o elétron não fosse, literalmente, *a lugar algum*?

Se um elétron fosse algo que se manifesta apenas quando interage, quando colide com alguma outra coisa, e entre uma interação e outra não tivesse nenhuma posição precisa? Se ter uma posição precisa em todos os momentos fosse algo que se adquire apenas quando se é grande, volumoso e pesado, tal qual o homem que acabou de passar como um fantasma no escuro e desapareceu na noite?...

É preciso ter vinte anos para levar tais delírios a sério. É preciso ter vinte anos para pensar em fazer disso uma teoria do mundo. E talvez seja preciso ter vinte anos para compreender melhor que os outros a estrutura profunda da natureza. Ter pouco mais de vinte anos como Einstein quando compreendeu que o tempo não passa igual para todos, e como Heisenberg naquela noite dinamarquesa. Depois dos trinta, talvez já não seja possível confiar nas próprias intuições...

Heisenberg voltou para casa dominado por uma emoção febril e mergulhou nos cálculos. Emergiu deles algum tempo depois com uma teoria desconcertante: uma descrição fundamental do movimento das partículas em que estas não são descritas por sua posição a cada momento, mas apenas pela posição em certos instantes: aqueles em que interagem com alguma outra coisa.

É a segunda pedra fundamental da mecânica quântica a ser encontrada, a chave mais difícil: o aspecto *relacional* de todas as coisas. Os elétrons não existem sempre. Existem apenas quando interagem. Materializam-se em um lugar quando se chocam contra outra coisa. Os "saltos quânticos" de uma órbita a outra são a única maneira para tornar-se reais: um elétron é um conjunto de saltos de uma interação a outra. Quando ninguém o perturba, um elétron não está em lugar algum. Em vez de escrever a posição e a velocidade do elétron, Heisenberg escreveu tabelas de números. Multiplicou e dividiu tabelas de números, que representam possíveis interações do elétron. E, como se surgissem de um ábaco mágico de um feiticeiro, os resultados de seus cálculos combinaram perfeitamente com tudo o que havia sido observado. Foram as primeiras verdadeiras equações fundamentais da mecânica quântica. Desde então, aquelas equações só fazem funcionar, funcionar e funcionar. Até hoje, por incrível que pareça, *nunca* erraram.

Por fim, outro jovem de 25 anos reuniu o primeiro trabalho de Heisenberg, assumiu a nova teoria e construiu todo o seu arcabouço matemático e formal: o inglês Paul Adrien Maurice Dirac, que muitos consideram o maior físico do século XX depois de Einstein (figura 4.3).

Não obstante a sua estatura científica, Dirac é muito menos conhecido que Einstein. Em parte, isso se deve à refinada abstração de sua ciência, em parte à sua personalidade desconcertante. Silencioso, extremamente reservado, incapaz de expressar emoções e sentimentos, não raro incapaz de reconhecer os rostos das pessoas conhecidas, incapaz até de manter uma conversação normal ou de compreender perguntas simples, beirava o autismo ou talvez já tivesse ultrapassado suas fronteiras.[2]

Figura 4.3 *Paul Dirac.*

Durante uma de suas conferências, um colega interveio: "Não compreendi aquela fórmula". Dirac, depois de uma breve pausa, continuou a falar, impassível. O moderador interrompeu, perguntando-lhe se não queria responder à pergunta, e Dirac, sinceramente espantado: "Pergunta? Qual pergunta? O colega fez uma afirmação" ("Não entendi aquela fórmula" é uma afirmação, não uma pergunta...). Não era soberba: o homem que via os segredos da natureza que escapavam a todos não compreendia a linguagem implícita, não compreendia seus semelhantes e tomava toda frase ao pé da letra.[3] No entanto, em suas mãos, a mecânica quântica, de amontoado confuso de intuições, cálculos pela metade, obscuras discussões metafísicas e equações que funcionavam bem sem que se soubesse por quê, se transformou em uma arquitetura perfeita: aérea, simples e belíssima. Contudo, de uma abstração estratosférica.

"De todos os físicos, Dirac tem o espírito mais puro", comentou o velho Bohr a respeito dele. Sua física é nítida e clara como um canto. Para ele, o mundo não é feito de coisas, é constituído de estruturas matemáticas abstratas que nos dizem o que aparece e como se comporta aquilo que aparece. Um encontro mágico de lógica e intuição. Einstein também ficou profundamente impressionado; disse: "Tenho problemas com Dirac. Manter o equilíbrio nesse vertiginoso caminho entre genialidade e loucura é uma tarefa terrível".

A mecânica quântica de Dirac é a mecânica quântica que hoje qualquer engenheiro, químico ou biólogo molecular usa ou a que se refere. Nela, cada objeto é descrito por um espaço abstrato[4] e não tem nenhuma propriedade em si mesmo, além daquelas que não mudam nunca, como a massa. Sua posição e velocidade, seu momento angular e seu potencial elétrico etc. só se tornam reais quando ele se choca com outro objeto. Não é apenas a posição que não é definida, como compreendeu Heisenberg, mas *nenhuma* variável do objeto é definida durante o período que intercorre entre uma interação e a seguinte. O aspecto *relacional* da teoria se torna universal.

Quando surge repentinamente em uma interação com outro objeto, uma variável física (velocidade, energia, momento, momento angular...) não assume um valor qualquer. Pode assumir apenas certos valores e não outros. Dirac forneceu a receita geral para calcular o conjunto de valores que uma variável física pode assumir.[5] Esses valores são o análogo dos espectros da luz emitida pelos átomos. Por analogia com as linhas dos "espectros" em que se decompõe a luz das substâncias, primeira manifestação desse fenômeno, hoje denominamos "espectro de uma variável" o conjunto dos valores particulares que a variável pode assumir. Por exemplo, o raio dos orbitais dos elétrons em torno dos núcleos só pode assumir valores precisos, os imaginados por Bohr.

Depois a teoria dá informações sobre qual valor do espectro se manifestará na próxima interação, mas apenas de maneira probabilística. Não sabemos com certeza onde o elétron aparecerá, porém podemos calcular a *probabilidade* de que apareça aqui ou ali. Essa é uma mudança radical em relação à teoria de Newton, na qual era possível, ao menos em princípio, prever o futuro com certeza. A mecânica quântica leva a probabilidade ao centro da evolução das coisas. Esse *indeterminismo* é a terceira pedra na base da mecânica quântica: a descoberta de que o acaso age no nível atômico. Enquanto a física de Newton permite prever o futuro com exatidão, mesmo que conheçamos suficientemente bem os dados iniciais e que estejamos em condição de fazer os cálculos, a mecânica quântica nos permite apenas calcular a *probabilidade* de um evento. Essa falta de determinismo em escala muito pequena é intrínseca à natureza. Um elétron não está determinado a se mover para a direita ou para a esquerda; faz isso por acaso. O aparente determinismo do mundo macroscópico deve-se apenas ao fato de que essa casualidade, essa aleatoriedade microscópica, gera flutuações pequenas demais para serem notadas na vida cotidiana.

A mecânica quântica de Dirac permite, portanto, fazer duas coisas. A primeira é calcular *quais* valores uma variável física pode assumir. Isso se chama "cálculo do espectro de uma variável", capta a *granularidade* no fundo da natureza das coisas e é extremamente geral: vale para qualquer variável física. Os valores calculados são aqueles que uma variável pode assumir no momento em que o objeto (átomo, campo eletromagnético, molécula, pêndulo, pedra, estrela...) interage com outra coisa (*relacionalidade*). A segunda coisa que a mecânica quântica de Dirac permite fazer é calcular a *probabilidade* de que o objeto manifeste esse ou aquele valor de uma variável, na próxima interação. Isso se chama "cálculo de uma *amplitude de transição*". Essa probabilidade exprime a terceira característica-chave da teoria: o *indeterminismo*, ou seja, o fato de não fornecer previsões unívocas, e sim apenas probabilísticas.

Esta é a mecânica quântica de Dirac: uma receita para calcular o espectro das variáveis e uma receita para calcular a probabilidade de que um ou outro valor no espectro se manifeste numa interação. Isso é tudo. O que acontece entre uma interação e outra é algo que não existe na teoria.

A probabilidade de encontrar um elétron, ou qualquer outra partícula, em um ponto ou outro do espaço, pode ser imaginada como uma nuvem difusa, mais densa onde a probabilidade de ver o elétron é maior. Às vezes é útil visualizar essa nuvem como se fosse um objeto real. Por exemplo, a nuvem que representa um elétron em torno do seu núcleo nos diz onde é mais fácil que um elétron apareça se tentarmos olhá-lo. Vocês viram isso na escola, esses são os "orbitais" atômicos.[6]

A eficácia da teoria logo se revela extraordinária. Se hoje construímos computadores, se hoje temos uma química e uma biologia molecular avançadas, se temos o laser e os semicondutores, é graças à mecânica quântica. Durante algumas décadas, foi como se fosse sempre Natal para os físicos: a cada novo problema, a resposta chegava imediatamente pelas equações da mecânica quântica, e era sempre a resposta certa. Até a resposta para os problemas que pareciam mais enigmáticos. Um exemplo será suficiente.

A matéria ao nosso redor é constituída de milhares de substâncias diferentes, mas no decorrer dos séculos XVIII e XIX os químicos compreenderam que se trata apenas e tão somente de combinações de uma centena de elementos simples: hidrogênio, hélio, oxigênio e assim por diante, até o urânio e outras. Mendeleiev colocou esses elementos em ordem (de peso) e compilou a famosa "Tabela periódica", que está pendurada na parede de tantas salas de aula e resume as propriedades dos elementos de que é feito o mundo, não apenas na Terra, mas em todas as galáxias. Por que precisamente esses elementos? Por que essa periodicidade? Por que cada elemento tem certas propriedades e não outras? Por que, por exemplo, alguns elementos se combinam facilmente e outros não? Qual é o segredo da curiosa estrutura da tabela periódica de Mendeleiev?

Pois bem, tomem a equação da mecânica quântica que determina a forma dos orbitais do elétron. Essa equação tem certo número de soluções, e essas soluções correspondem exatamente: ao hidrogênio, ao hélio... ao oxigênio... e aos outros elementos! A tabela periódica de Mendeleiev está estruturada exatamente como as soluções. As propriedades dos elementos e todo o resto segue como solução dessa equação! Em outras palavras, a mecânica quântica decifra perfeitamente o segredo da estrutura da tabela periódica dos elementos.

O antigo sonho de Pitágoras e de Platão de descrever todas as substâncias do mundo com uma fórmula se realizou. A infinita

124

complexidade da química é dada apenas pelas soluções de uma única equação! Toda a química emerge dessa única equação. E essa é apenas uma das tantas aplicações da mecânica quântica.

Campos e partículas são a mesma coisa

Só alguns anos depois de ter completado a formulação geral da mecânica quântica, Dirac se deu conta de que ela podia ser aplicada diretamente aos campos, como o eletromagnético, e podia ser conciliada com a relatividade restrita. (Conc
liá-la com a relatividade *geral* será muito mais complicado e é o tema dos capítulos seguintes.) Ao fazer isso, descobriu mais uma profunda simplificação da nossa descrição da natureza: a convergência entre a noção de partícula usada por Newton e a de campo introduzida por Faraday.

A nuvem de probabilidades que acompanha os elétrons entre uma interação e outra é um pouco parecida com um campo. Mas os campos de Faraday e Maxwell, por sua vez, são feitos de grãos: os fótons. Não apenas as partículas estão em certo sentido difusas no espaço como campos, mas também os campos interagem como partículas. As noções de campo e de partícula, separadas por Faraday e Maxwell, acabam convergindo na mecânica quântica.

A forma como isso acontece na teoria é elegante: as equações de Dirac determinam quais valores cada variável pode assumir. Aplicadas à energia das linhas de Faraday, dizem-nos que essa energia pode assumir apenas certos valores e não outros. A energia do campo eletromagnético pode assumir apenas certos valores, e, portanto, se comporta como um conjunto de *pacotes* de energia. Estes são exatamente os quanta de energia de Planck e Einstein. O círculo se fecha. As equações da teoria, escritas por Dirac, explicam a granularidade da luz intuída por Planck e Einstein.

As ondas eletromagnéticas são de fato vibrações das linhas de Faraday, mas também, em pequena escala, enxames de fótons. Quando interagem com alguma outra coisa, como no efeito fotoelétrico, se mostram como conjuntos de partículas: ao nosso olhar, a luz chuvisca em gotas separadas, em fótons isolados. Os fótons são "os quanta" do campo eletromagnético.

Por outro lado, também os elétrons e todas as partículas de que é feito o mundo são "quanta" de um campo: um "campo quântico" semelhante ao de Faraday e Maxwell, sujeito à granularidade e à probabilidade quântica, e Dirac escreveu a equação do campo dos elétrons e das outras partículas elementares.[7] A diferença entre campos e partículas introduzida por Faraday vem amplamente a desaparecer.

A forma geral da teoria quântica compatível com a relatividade restrita é chamada "teoria quântica dos campos" e constitui a base da atual física das partículas. As partículas são quanta de um campo, assim como os fótons são quanta do campo eletromagnético, e todos os campos exibem essa estrutura granular em suas interações.[8]

No decorrer do século XX, o elenco dos campos fundamentais foi concluído e hoje dispomos de uma teoria, chamada "modelo-padrão das partículas elementares", que parece descrever bem tudo o que vemos, exceto a gravidade,[9] no âmbito da teoria quântica dos campos. A elaboração desse modelo ocupou os físicos por boa parte do século passado e, por si só, representa uma bela aventura de descoberta, da qual participaram grandes cientistas italianos como Nicola Cabibbo, Luciano Maiani, Gianni Iona-Lasinio, Guido Altarelli, Giorgio Parisi e muitos outros que, infelizmente, não tenho condições de citar aqui. No entanto, não pretendo contar essa parte da história agora: é à gravidade quântica que quero chegar. O "modelo-padrão" foi concluído por volta dos anos 1970. Existem cerca de quinze campos cujas excitações são as partículas elementares (elétrons, quarks, múons, neutrinos, a partícula de Higgs e poucas outras coisas), mais alguns outros campos, como o eletromagnético, que descrevem a força eletromagnética e as outras forças que atuam em escala nuclear.

No início, o modelo-padrão não foi levado muito a sério, por causa do seu aspecto um pouco mal-acabado, distante da aérea simplicidade da relatividade geral, das equações de Maxwell ou de Dirac. Mas, contra as expectativas, todas as suas previsões se confirmaram. Há mais de trinta anos, todos os experimentos de física das partículas não fazem senão reconfirmá-lo. Entre os primeiros e os mais importantes desses experimentos houve a revelação dos quanta – realizada por uma equipe dirigida pelo italiano Carlo Rubbia – de um dos campos (as partículas Z e W), que proporcionou a Rubbia o Nobel em 1984. O último exemplo em ordem de tempo foi a revelação do bóson de Higgs, que fez furor em 2013. O bóson de Higgs é um dos campos do modelo-padrão, introduzido para fazer a teoria funcionar bem, e parecia um pouco artificial: ao contrário, a partícula de Higgs, ou seja, os "quanta" desse campo, foi observada e tem precisamente as propriedades previstas pelo modelo-padrão.[10] (O fato de ter sido chamada "a partícula de Deus" é tão sem sentido que nem sequer merece ser comentado.) Em suma, não obstante o seu nome imerecidamente tão pouco pretensioso, o "modelo-padrão" construído no âmbito preciso da mecânica quântica revelou-se um sucesso.

A mecânica quântica, com seus campos/partículas, oferece hoje uma descrição espetacularmente boa da natureza. O mundo não é feito de campos e partículas, mas de um mesmo tipo de objeto, o campo quântico. Não mais partículas que se movem no espaço com o passar do tempo, porém campos quânticos em que eventos elementares existem no espaço-tempo. O mundo é curioso, mas simples (figura 4.4).

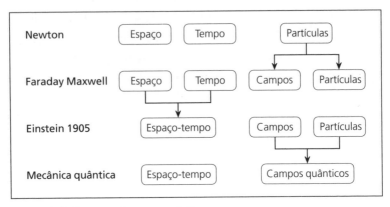

Figura 4.4 *Do que é feito o mundo?*

Quanta 1: a informação é finita

Chegou o momento de juntar os fios da meada sobre o que exatamente a mecânica quântica nos diz sobre o mundo. Não é um exercício fácil, porque a mecânica quântica é uma teoria conceitualmente pouco clara e diversas questões continuam controversas, mas é um exercício necessário quando se quer um pouco de clareza para seguir adiante. Creio que a mecânica quântica nos permitiu compreender três aspectos da natureza das coisas: granularidade, indeterminismo e relacionalidade. Vamos vê-los mais de perto.

O primeiro é a existência de uma *granularidade* fundamental na natureza. A granularidade da matéria e da luz é o ponto central da mecânica quântica. Não é exatamente a mesma granularidade da matéria intuída por Demócrito. Para Demócrito, os átomos eram como pequenas pedrinhas, enquanto na mecânica quântica as partículas desaparecem e reaparecem. Mas a origem da ideia da granularidade substancial do mundo está no atomismo antigo, e a mecânica quântica — embasada em séculos de experimentos, em uma poderosa matemática e na grande credibilidade proveniente de uma incrível capacidade de fazer previsões corretas — é um reconhecimento genuíno da profundidade do pensamento do grande filósofo de Abdera sobre a natureza.

Suponhamos que estamos fazendo algumas medições em um sistema físico e constatamos que o sistema se encontra em certo estado. Por exemplo, medimos a amplitude das oscilações de um pêndulo e descobrimos que a amplitude tem certo valor situado entre uma amplitude de cinco centímetros e uma amplitude de seis centímetros (nenhuma medida nunca é exata em física). Antes da mecânica quântica, diríamos que, havendo entre cinco e seis centímetros infinitos valores possíveis para a amplitude (por exemplo, 5,1 ou 5,101 ou 5,101001...), então existem *infinitos* estados de movimento possíveis em que o pêndulo poderia se encontrar: nossa ignorância sobre o pêndulo ainda é infinita.

Ao contrário, a mecânica quântica nos diz que entre cinco e seis centímetros há um número *finito* de valores possíveis para a amplitude e, portanto, a nossa informação faltante sobre o pêndulo é *finita*.

Esse raciocínio é totalmente geral.[11] Portanto, o primeiro significado profundo da mecânica quântica é o de estabelecer um limite para a *informação* que pode existir em um sistema: para o número de estados distinguíveis em que um sistema pode estar. Essa limitação do infinito, essa granularidade profunda da natureza, vislumbrada por Demócrito, é o primeiro aspecto central da teoria. A constante de Planck *h* fixa a escala elementar dessa granularidade.

Quanta 2: indeterminismo

O mundo é uma sucessão de eventos quânticos granulares. Esses eventos são discretos, granulares, individuais; são interações individuais de um sistema físico com outro. Um elétron, um quantum de um campo ou um fóton não seguem uma trajetória no espaço, mas aparecem em dado lugar e em dado tempo quando colidem com outra coisa. Quando e onde aparecerão? Não há como prever com certeza. A mecânica quântica introduz um *indeterminismo* elementar no centro do mundo. O futuro é genuinamente imprevisível. Este é o segundo ensinamento fundamental da mecânica quântica.

Em virtude desse indeterminismo, no mundo descrito pela mecânica quântica as coisas estão sujeitas continuamente a um movimento casual. Todas as variáveis "flutuam" continuamente, como se, em pequena escala, tudo estivesse sempre em vibração. Nós só não vemos essas flutuações onipresentes porque elas são pequenas e não são visíveis quando observamos em grande escala, quando observamos corpos macroscópicos. Se olharmos uma pedra, ela está imóvel. Mas se pudéssemos observar os seus átomos, os veríamos ora aqui, ora ali, continuamente, em perene vibração. A mecânica quântica nos revela que, quanto mais se olha o mundo em detalhe, menos ele é constante. É um flutuar contínuo, um contínuo pulular microscópico de microeventos. O mundo não é feito de pedrinhas, é feito de um vibrar, de um pulular.

O atomismo antigo havia antecipado também este aspecto da física moderna: o surgimento de leis probabilistas no nível pro-

130

fundo. Demócrito considerava que o movimento dos átomos era determinado de maneira rigorosa pelos choques sofridos (como Newton). Mas o seu sucessor do atomismo, Epicuro, corrigiu o rígido determinismo do mestre e introduziu a indeterminação no atomismo antigo, precisamente como Heisenberg inseriu a indeterminação no atomismo determinista de Newton. Para Epicuro, os átomos podiam algumas vezes, por acaso, desviar--se de seu curso. Lucrécio disse isso com palavras belíssimas: esse desvio acontece "incerto tempore... incertisque loci",[12] em um lugar e em um tempo totalmente incertos. O mesmo indeterminismo, o mesmo ressurgimento da probabilidade em nível profundo, é a segunda descoberta-chave sobre o mundo proporcionada pela mecânica quântica.

Assim, como se pode calcular a probabilidade de que um elétron em certa posição inicial A reapareça após algum tempo em uma ou outra posição final B?

Na década de 1950, Richard Feynman, que já citei, encontrou uma maneira extremamente sugestiva de fazer esse cálculo: é preciso considerar *todos* os possíveis percursos de A a B, isto é, todas as possíveis trajetórias que o elétron pode seguir (retas, curvas, em zigue-zague...); para cada percurso, pode-se calcular certo número: por fim, a soma de todos esses números permite determinar a probabilidade. Não é importante, aqui, descrever os detalhes dessa conta: o importante é o fato de que é como se o elétron, para ir de A a B, passasse "por todas as trajetórias possíveis", ou seja, se abrisse em uma nuvem, para depois convergir misteriosamente no ponto B, onde de novo colide com outra coisa (figura 4.5).

Esse modo de calcular a probabilidade dos eventos quânticos é chamado "soma sobre os caminhos" de Feynman,[13] e veremos que desempenha um papel em gravidade quântica.

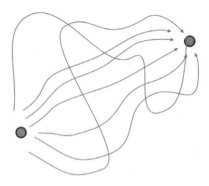

Figura 4.5 *Para ir de A a B um elétron se comporta como se passasse por todos os caminhos possíveis.*

Quanta 3: a realidade é relação

Há, por fim, uma terceira descoberta sobre o mundo realizada pela mecânica quântica – a mais profunda e difícil – e esta não havia sido antecipada de modo algum no atomismo antigo.

A teoria não descreve como as coisas "são": descreve como as coisas "acontecem" e como "influem umas sobre as outras". Não descreve onde está uma partícula, mas onde a partícula "se faz ver pelas outras". O mundo das coisas existentes é reduzido ao mundo das interações possíveis. A realidade é reduzida a interação. A realidade é reduzida a relação.[14]

Em certo sentido, esta é apenas uma extensão muito radical da relatividade. Aristóteles já ressaltara o fato de que nós percebemos apenas velocidades *relativas*. Por exemplo, dentro de um navio avaliamos nossa velocidade em relação ao navio, na terra avaliamos nossa velocidade em relação à Terra. Galileu observou que é por esse motivo que a Terra pode se mover em relação ao Sol sem que percebamos diretamente. A velocidade, afirmou ele, não é a propriedade de um objeto isolado: é uma propriedade do movimento de um objeto *em relação a outro objeto*. Einstein estendeu a noção de relatividade também ao tempo: podemos dizer que dois eventos são simultâneos relativamente a um estado de movimento de um dos dois (ver a nota 2 ao capítulo 3, p. 267). A mecânica quântica amplia essa relatividade de modo extremamente radical: *todas* as características de um objeto só existem em relação a outros objetos. É só nas relações que os fatos da natureza se configuram.

No mundo descrito pela mecânica quântica, não existe realidade sem *relação* entre sistemas físicos. Não são as coisas que podem entrar em relação, mas são as relações que dão origem à noção de "coisa". O mundo da mecânica quântica não é um mundo de objetos: é um mundo de eventos elementares, e as coisas se constroem sobre o acontecimento desses "eventos" elementares. Como já escrevia, nos anos 1950, o filósofo Nelson Goodman, usando uma belíssima expressão: "Um objeto é um processo monótono", um processo que se repete igual a si mesmo por algum tempo. Uma pedra é um vibrar de quanta que mantém sua estrutura por algum tempo, como uma onda marinha mantém uma identidade antes de se dissolver novamente no mar.

O que é uma onda, que caminha sobre a água sem transportar consigo nada além da própria história? Uma onda não é um objeto, no sentido de que não é formada por matéria que perdura. E também os átomos do nosso corpo fluem para fora de nós. Nós, como as ondas e como todos os objetos, somos um fluxo de eventos, somos processos que por um breve tempo são monótonos...

A mecânica quântica não descreve objetos: descreve processos e eventos que são interações entre processos.

Resumindo, a mecânica quântica é a descoberta de três aspectos do mundo:

- *Granularidade*. A informação que está no estado de um sistema é finita e limitada pela constante de Planck.
- *Indeterminismo*. O futuro não é determinado univocamente pelo passado. Na verdade, até mesmo as regularidades mais rígidas que vemos são apenas estatísticas.
- *Relação*. Os eventos da natureza são sempre interações. Todos os eventos de um sistema acontecem em relação a outro sistema.

A mecânica quântica nos ensina a não pensar o mundo em termos de "coisas" que estão neste ou naquele estado, e sim em termos de "processos". Um processo é a passagem de uma interação a outra. As propriedades das "coisas" se manifestam de modo *granular* apenas no momento da interação, ou seja, nas margens do processo, e são tais apenas *em relação* a outras coisas, e não podem ser previstas de modo unívoco, mas apenas de modo *probabilístico*.

Esse é o mergulho na profundidade da natureza das coisas realizado principalmente por Bohr, Heisenberg e Dirac.

Mas realmente é compreensível?

Sim, a mecânica quântica é um sucesso de eficácia. Mas... tem certeza, caro leitor, que compreendeu bem o que a mecânica quântica diz? Um elétron não está em parte alguma quando não interage... humm... as coisas só existem quando saltam de uma interação para outra... humm... Você não acha isso meio absurdo?

Einstein também achava absurdo.

Por um lado, Einstein sugeria Werner Heisenberg e Paul Dirac para o Nobel, reconhecendo que haviam compreendido algo fundamental do mundo. Mas, por outro lado, não perdia a oportunidade de resmungar que, no entanto, assim não se entendia nada.

Os jovens leões do grupo de Copenhague estavam consternados: como assim, justamente Einstein? Seu pai espiritual, o homem que tivera a coragem de pensar o impensável, agora dava para trás e tinha medo desse novo salto no desconhecido, que ele mesmo desencadeara? Justamente Einstein, que nos ensinara que o tempo não é universal e o espaço se encurva, justo ele agora dizia que o mundo não pode ser assim tão estranho?

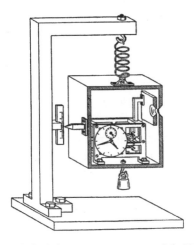

Figura 4.6 A *"caixa de luz"* do experimento mental de Einstein, no desenho original de Bohr.

Niels Bohr, pacientemente, explicava a Einstein as novas ideias. Einstein objetava. Por fim, Bohr sempre conseguia encontrar a resposta, repelir as objeções. O diálogo continuou durante anos, passando por conferências, cartas, artigos... Einstein engendrava experimentos mentais para mostrar que as novas ideias eram contraditórias: "Imaginemos uma caixa cheia de luz, da qual deixamos sair por um breve instante um único fóton...", assim começava um de seus famosos exemplos (figura 4.6).[15]

Durante seu intercâmbio, os dois gigantes viram-se obrigados a retroceder, a mudar de ideia. Einstein precisou reconhecer que, efetivamente, não havia contradição nas novas ideias. Mas Bohr teve de reconhecer que as coisas não eram assim tão simples e claras como ele pensava no início. Einstein não queria ceder no ponto que para ele era fundamental: que existia uma realidade objetiva independente de quem interaja com quem; em outras palavras, no aspecto relacional da teoria, o fato de que as coisas só se manifestem nas interações. Bohr não queria ceder sobre a validade do modo profundamente novo em que o real era conceitualizado pela nova teoria. Por fim, Einstein aceitou que a teoria é um gigantesco passo à frente na compreensão do mundo e é coerente, mas continuou convencido de que as coisas não podem ser assim estranhas e que "atrás disso tudo" deve existir uma explicação mais sensata.

Passou-se um século, e continuamos no mesmo ponto. Richard Feynman, que mais que qualquer outro soube usar e manipular a teoria, escreveu: "Penso que se pode dizer que ninguém realmente entende a mecânica quântica".

As equações da teoria, e suas consequências, são usadas rotineiramente por físicos, engenheiros, químicos e biólogos, nos mais variados campos. Mas continuam misteriosas: não descrevem o que acontece a um sistema físico, mas apenas como um sistema físico vem a influenciar outro sistema físico. O que isso significa?

Significa que é impossível descrever a realidade essencial de um sistema que não está interagindo? Significa apenas que falta

136

uma parte da história? Ou significa – como me parece – que temos de aceitar a ideia de que a realidade é apenas interação?

Físicos e filósofos continuam a se perguntar sobre o que realmente significa a teoria e, nos últimos anos, artigos e congressos sobre a questão se tornaram mais numerosos. O que é a teoria dos quanta, um século depois de seu nascimento? Um extraordinário mergulho profundo na natureza da realidade? Um engano, que funciona por acaso? Um pedaço incompleto de um quebra-cabeça? Ou um indício de algo profundo que ainda não digerimos bem, referente à estrutura do mundo?

A interpretação da mecânica quântica que apresentei aqui é a que me parece a menos insensata. É chamada "interpretação relacional" e foi discutida também por filósofos eminentes como Bas van Fraassen e Michel Bitbol e, na Itália, Mauro Dorato.[16] Mas não existe consenso sobre como realmente se deve pensar a mecânica quântica, e outras maneiras de pensá-la são discutidas por físicos e filósofos. Estamos limitados pelo que não sabemos, e as opiniões divergem.

Não devemos esquecer que a mecânica quântica é apenas uma teoria física, e talvez amanhã seja corrigida por uma compreensão do mundo ainda mais aprofundada e diferente. Hoje não falta também quem tente forçá-la de modo que se torne mais adequada para a nossa intuição. Parece-me, porém, que o seu absoluto sucesso empírico deve nos incentivar a levá-la a sério e a nos perguntar não o que deve ser mudado na teoria, mas o que existe de limitado em nossa intuição que a torna tão árdua para nós.

Penso que a obscuridade da teoria não seja culpa da mecânica quântica, e sim da nossa limitada capacidade de imaginação. Quando procuramos "ver" o mundo quântico, somos como pequenas toupeiras cegas que vivem sob a terra às quais alguém tenta explicar como são feitas as cadeias de montanhas do Himalaia. Ou somos como aqueles homens acorrentados no fundo da caverna do mito de Platão (figura 4.7).

Quando Einstein morreu, Bohr, seu maior rival, dirigiu-lhe palavras de comovente admiração. Quando Bohr morreu, poucos anos depois, alguém tirou uma fotografia da lousa de seu escritório: havia ali um desenho. Representava a "caixa cheia de luz" do experimento mental de Einstein. Até o último instante, o desejo de debater e compreender mais. Até o último instante, a dúvida.

Figura 4.7 A luz é a onda de um campo, mas tem também uma estrutura granular.

Essa dúvida contínua, que é a fonte profunda da melhor ciência.

Terceira Parte

Espaço quântico e tempo relacional

Se me acompanhou até aqui, caro leitor, você tem tudo o que precisa para compreender a atual imagem do mundo sugerida pela física fundamental, sua força, suas fraquezas e suas limitações.

Existe um espaço-tempo, curvo, nascido não se sabe como numa gigantesca explosão há 14 bilhões de anos, que desde então se expande. Esse espaço é um objeto real, um campo físico, com sua dinâmica descrita pelas equações de Einstein. O espaço se dobra e se curva sob o peso da matéria, e pode afundar em um buraco negro quando a matéria está concentrada demais.

A matéria está distribuída em 100 bilhões de galáxias, cada uma das quais contém 100 bilhões de estrelas, e é constituída por campos quânticos, que se manifestam na forma de partículas, como elétrons ou fótons, ou então de ondas, como as ondas eletromagnéticas que nos trazem as imagens da televisão e a luz do Sol e das outras estrelas.

Esses campos quânticos descrevem os átomos, a luz e todo o conteúdo do Universo. São objetos estranhos: cada uma das partículas de que são compostos só aparece quando interage com outra coisa, localizando-se em um ponto, ao passo que, quando é deixada sozinha, se abre em uma "nuvem de probabilidades". O mundo é um pulular de eventos quânticos elementares, imersos no mar de um grande espaço dinâmico que se agita como as ondas de um mar de água.

Com essa imagem do mundo, e com as poucas equações de que é constituída, podemos descrever quase tudo o que vemos.

Quase. Falta algo fundamental. E é esse algo que estamos buscando. Esse algo é o tema do restante do livro.

Ao virar a página, caro leitor, você deixará aquilo que, bem ou mal, sabemos sobre o mundo de maneira muito crível, para chegar ao que ainda não sabemos, mas começamos a vislumbrar. Virar a página é como abandonar a segurança do barquinho das nossas quase certezas.

5. O espaço-tempo é quântico

Há ainda algo de paradoxal no centro do nosso rico conhecimento do mundo físico. Relatividade geral e mecânica quântica, as duas joias que o século XX nos deixou, foram pródigas de dons fundamentais tanto para compreender o mundo quanto para a tecnologia de hoje. Na primeira, cresceram a cosmologia, a astrofísica, o estudo das ondas gravitacionais e dos buracos negros. A segunda tornou-se a base da física atômica, nuclear, das partículas elementares, da matéria condensada e de muitas outras coisas.

Contudo, entre as duas há algo que destoa. Ambas as teorias não podem estar corretas, pelo menos em sua forma atual, porque parecem contradizer-se reciprocamente. O campo gravitacional é descrito sem levar em conta a mecânica quântica, sem considerar que os campos são quantizados, e a mecânica quântica é formulada sem considerar que o espaço-tempo se curva e está sujeito às equações de Einstein.

Um estudante universitário que assista às aulas de relatividade geral de manhã e às de mecânica quântica à tarde só pode concluir que seus professores são tolos, ou deixaram de falar um com o outro há um século: estão lhe ensinando duas imagens do mundo em contradição. De manhã, o mundo é um espaço-tempo *curvo* onde tudo é *contínuo*; à tarde, o mundo é um espaço-tempo *plano* onde saltam *quanta discretos* de energia. O paradoxo é que ambas as teorias funcionam terrivelmente bem. A natureza está se comportando conosco como aquele rabino idoso consultado por dois homens para resolver uma disputa. Depois de ouvir o primeiro, o rabino disse: "Você tem razão". O segundo insistiu para ser ouvido. O rabino o escutou e lhe disse: "Você também tem razão". Então a mulher do rabino, que escutava a conversa de outra sala, gritou: "Mas os dois não podem ter razão ao mesmo tempo!". O rabino pensou um pouco, concordou e concluiu: "Você também tem razão". A cada experimento e a cada teste, a natureza continua a dizer "tem razão" para a relatividade geral, e continua a dizer "tem razão" para a mecânica quântica, apesar dos pressupostos contrários em que as duas teorias parecem se fundamentar. É claro que há algo que ainda nos escapa.

Em inúmeras situações físicas, podemos deixar de lado as previsões específicas da mecânica quântica. A Lua é grande demais para ser sensível à diminuta granularidade quântica e, portanto, quando descrevemos o seu movimento podemos esquecer os quanta. Por outro lado, um átomo é leve demais para curvar o espaço de modo significativo e, ao descrevê-lo, podemos negligenciar a curvatura do espaço. Mas há situações físicas nas quais entram em jogo tanto a curvatura do espaço quanto a granularidade quântica, e nestas já não temos uma teoria física que funcione.

Um exemplo é o interior dos buracos negros. Outro exemplo é o que aconteceu com o Universo precisamente no big bang. De maneira geral, não sabemos como o espaço e o tempo são caracterizados em escala muito pequena. Em todos esses casos, as teorias hoje confirmadas se tornam confusas e já não nos dizem nada: a mecânica quântica não consegue tratar a curvatura do espaço-tempo e a relatividade geral não consegue levar em conta os quanta. Essa é a origem do problema da gravidade quântica.

Mas o problema é muito mais profundo. Einstein compreendeu que o espaço e o tempo são manifestações de um campo físico: o campo gravitacional. Bohr, Heisenberg e Dirac compreenderam que todo campo físico é quântico: granular, probabilista e se manifesta nas interações. Em decorrência disso, o espaço e o tempo também devem ser objetos quânticos com essas estranhas propriedades.

Então, o que é um espaço quântico? O que é um tempo quântico? Esse é o problema que chamamos de "gravidade quântica".

Um grande grupo de físicos teóricos espalhados pelos cinco continentes está laboriosamente tentando dirimir a questão: o objetivo é encontrar uma teoria, ou seja, um conjunto de equações, mas sobretudo uma visão de mundo coerente, na qual a esquizofrenia entre quanta e gravidade seja resolvida.

Não é a primeira vez que a física se encontra diante de duas teorias de grande sucesso aparentemente contraditórias. Em ocasiões semelhantes, o esforço de síntese foi muitas vezes coroado por grandes avanços na compreensão do mundo. Newton, por exemplo, descobriu a gravitação universal precisamente combinando a física galileiana da maneira como as coisas caem ao chão com a física dos planetas de Kepler. Maxwell e Faraday encontraram as equações do eletromagnetismo juntando tudo o que se sabia sobre eletricidade e magnetismo. Einstein descobriu a relatividade restrita ao procurar resolver o aparente conflito entre a mecânica de Newton e o eletromagnetismo de Maxwell, e depois encontrou a relatividade geral para solucionar o conflito entre a teoria da gravidade de Newton e a própria relatividade restrita.

Um físico teórico, portanto, fica feliz ao se deparar com um conflito desse tipo: é uma oportunidade extraordinária. A pergunta correta a se fazer é: podemos construir uma estrutura conceitual para pensar o mundo que seja compatível com o que descobrimos sobre o mundo graças a *ambas* as teorias?

Para compreender o que são o espaço e o tempo quânticos, temos de fazer uma revisão profunda do nosso modo de conceber as coisas. Precisamos repensar a gramática da nossa compreensão do mundo, revê-la a fundo. Como ocorreu com Anaximandro — que compreendeu que a Terra voa no espaço e que no cosmos não existe o alto e o baixo — ou com Copérnico — que percebeu que nos movemos velozmente no céu — ou com Einstein — que compreendeu que o espaço-tempo se comprime como um molusco e o tempo passa de maneira diferente em lugares diferentes —, mais uma vez, para buscar uma visão do mundo coerente com o que aprendemos até aqui, nossas ideias sobre a realidade estão destinadas a mudar.

O primeiro a se dar conta da necessidade de modificar as nossas bases conceituais para compreender a gravidade quântica foi Matvei Bronštein, uma figura romântica e lendária: um russo muito jovem que viveu na época de Stálin e teve uma morte trágica (figura 5.1).

Matvei

Matvei era um jovem amigo de Lev Landau, que, como eu disse, se tornaria o maior físico teórico da URSS. Alguns colegas que conheciam os dois diziam que o mais brilhante deles era

Figura 5.1 *Matvei Bronštein.*

Matvei. Assim que Heisenberg e Dirac começaram a construir as bases da mecânica quântica, Landau, erroneamente, julgou que o campo eletromagnético não ficaria bem definido em virtude dos quanta. Seu mentor Bohr logo percebeu que Landau se equivocava, estudou a questão a fundo e escreveu um longo e detalhado artigo para mostrar que os campos, como o elétrico, ficam bem definidos mesmo ao considerar-se a mecânica quântica.[1]

Landau abandonou a questão. Mas seu jovem amigo Matvei ficou curioso ao se dar conta de que talvez a intuição de Landau não fosse precisa, mas podia conter algo importante. Ele tentou repetir o mesmo raciocínio com que Bohr mostrou que o campo elétrico quântico era bem definido em cada ponto do espaço ao aplicá-lo ao campo gravitacional, cujas equações haviam sido escritas poucos anos antes por Einstein. E aqui — surpresa! — Landau tinha razão. O campo gravitacional em um ponto já *não* é bem definido quando se consideram os quanta.

Há um jeito simples de entender o que acontece. Vamos supor que queremos observar uma região do espaço muito, muito, muito pequena. Para fazer isso, temos de colocar alguma coisa nessa região, de forma a marcar o ponto que queremos considerar: por exemplo, colocamos ali uma partícula. Mas Heisenberg compreendeu que não se pode localizar uma partícula em um ponto do espaço por mais que um único instante. Depois ela escapa. Quanto mais se tenta localizar a partícula em uma região pequena, maior é a velocidade com que ela escapa. (É o "princípio da indeterminação" de Heisenberg.) Se a partícula escapa em grande velocidade, isso significa que há muita energia.

Mas agora vamos relembrar a teoria de Einstein. A energia faz com que o espaço se curve. Muita energia significa curvar muito o espaço. Se concentro *muita* energia em uma região *muito* pequena, o resultado é que curvo *demais* o espaço, e este mergulha em um buraco negro, como uma estrela que colapsa. Mas se a partícula mergulha em um buraco negro, não a vejo mais. Não posso mais usar a partícula para marcar uma região do espaço, como eu desejava. Em suma, não tenho condições de medir regiões arbitrariamente pequenas de espaço, porque, se tento fazê-lo, essas regiões desaparecem dentro de um buraco negro.

Um pouco de matemática ajuda a tornar esse argumento mais preciso. O resultado é geral: a mecânica quântica e a relatividade geral, consideradas em conjunto, implicam a existência de um limite para a divisibilidade do espaço. Abaixo de certa escala, já não há nada acessível. Ou melhor, nada existente.

Quanto é essa escala? O cálculo é muito fácil: basta calcular o tamanho mínimo de uma partícula antes que caia em seu próprio buraco negro, e o resultado é bem simples. O comprimento mínimo que existe é de aproximadamente

$$L_P = \sqrt{\frac{\hbar G}{c^3}}$$

À direita dessa igualdade, sob o sinal de raiz quadrada, estão as três constantes da natureza que encontramos: a constante de Newton G, de que falei no capítulo 2, que é a constante que determina a escala da força de gravidade; a velocidade da luz c, encontrada no capítulo 3 ao falar da relatividade, que dá a abertura do "presente estendido"; e a constante de Planck $\hbar$, encontrada no capítulo 4 ao falar de mecânica quântica, que fixa a escala da granularidade quântica.[2] A presença dessas três constantes confirma que estamos olhando para algo que tem a ver com a gravidade (G), a relatividade (c) e a mecânica quântica $(\hbar)$.

O comprimento L_P assim determinado se chama "comprimento de Planck". Deveria se chamar "comprimento de Bronštein", mas o mundo é assim. Em números, vale cerca de um milionésimo de um bilionésimo de um bilionésimo de um bilionésimo de um centímetro (10^{-33} centímetros). Como dizer... pequeno. É nessa escala muito diminuta que se manifesta a gravidade quântica. Nessa escala, o espaço e o tempo mudam de natureza. Tornam-se alguma outra coisa, tornam-se "espaço e tempo quânticos", e o problema é compreender o que isso significa. (Para dar uma ideia da extrema pequenez das dimensões de que estamos falando, se aumentássemos uma casca de noz a ponto de torná-la tão grande quanto todo o universo que vemos, ainda não veríamos o comprimento de Planck: mesmo tão enormemente aumentada, ela seria 1 milhão de vezes menor que a casca de noz de partida.)

Matvei Bronštein compreendeu tudo isso nos anos 1930 e escreveu dois breves e esclarecedores artigos em que mostrou que a mecânica quântica e a relatividade geral são incompatíveis com nossa ideia habitual do espaço como um contínuo infinitamente divisível.[3]

Há um problema, porém. Matvei e Lev eram sinceros comunistas. Acreditavam na revolução como libertação do homem, construção de uma sociedade melhor, sem injustiças, sem as imensas desigualdades que hoje vemos aumentar sistematicamente por todos os lugares do mundo. Seguiram Lênin com entusiasmo. Quando Stálin chegou ao poder, ambos ficaram perplexos, depois críticos, depois hostis. Escreveram pequenos artigos de crítica... Não era esse o comunismo que eles queriam... Mas eram tempos difíceis. Landau conseguiu se safar, não facilmente, mas conseguiu.

Matvei, um ano depois de ter compreendido pela primeira vez que nossas ideias sobre o espaço e o tempo deviam sofrer uma mudança radical, foi preso pela polícia de Stálin e condenado à morte. Sua execução aconteceu no mesmo dia do processo, em 18 de fevereiro de 1938.[4] Tinha trinta anos.

John

Muitos grandes físicos do século empenharam-se em tentar resolver o quebra-cabeça da gravidade quântica após a prematura morte de Matvei Bronštein. Dirac dedicou ao problema a parte final de sua vida, abrindo caminhos e introduzindo ideias e técnicas nas quais se baseia grande parte do atual trabalho técnico em gravidade quântica. É graças a essas técnicas que sabemos descrever um mundo sem tempo, como explicarei mais adiante. Feynman tentou, procurando adaptar à relatividade geral as técnicas que havia desenvolvido para os elétrons e os fótons, mas sem sucesso: elétrons e fótons são quanta no espaço. A gravi-

150

dade quântica é outra coisa: não basta descrever "grávitons", é o próprio espaço que é "quantizado".

Alguns prêmios Nobel foram conferidos a físicos que conseguiram resolver outros problemas, quase sem querer, enquanto procuravam destrinchar o quebra-cabeça da gravidade quântica. Por exemplo, os dois físicos holandeses Gerard't Hooft e Martinus Veltman receberam o Nobel em 1999 por terem demonstrado a consistência das teorias hoje empregadas para descrever as forças nucleares, mas seu programa de pesquisa era mostrar a consistência de uma teoria da gravidade quântica. Trabalhavam nas teorias para essas outras forças como... exercício preliminar. O "exercício preliminar" valeu-lhes o Nobel, mas eles não conseguiram mostrar a consistência da gravidade quântica. A lista é longa, e descrevê-la seria como um desfile de honra para os físicos teóricos do século. Ou talvez de desonra, diante da série de insucessos. Períodos de entusiasmo e de frustração sucederam-se por anos. No entanto, essa longa busca não foi em vão. No decorrer das décadas, pouco a pouco, as ideias ficaram mais claras, os becos sem saída foram explorados e abandonados, técnicas e ideias gerais se consolidaram, e os resultados começaram a aumentar um depois do outro. Relembrar aqui os muitos que contribuíram para essa lenta construção coletiva seria apenas uma tediosa lista de nomes, cada um dos quais acrescentou um grãozinho ou uma pedra à construção.

Quero ao menos lembrar o maravilhoso Chris Isham, inglês meio filósofo e meio físico, eterna criança, que durante anos liderou essa pesquisa coletiva. Foi lendo um de seus artigos de resenha sobre a questão que me apaixonei pelo problema. O artigo explicava por que esse era um problema difícil, como a nossa concepção de espaço e tempo devia ser modificada e esboçava um claro panorama de todos os caminhos que estavam sendo seguidos então, com os resultados e as dificuldades de cada um deles. No terceiro ano da faculdade, fiquei fascinado ao ler sobre a necessidade de compreender desde o começo o espaço e o tempo, e o fascínio nunca diminuiu, nem mesmo quando o denso mistério começou a se desfazer. Como canta Petrarca, "Piaga per allentar d'arco non sana".*

A pessoa que contribuiu mais que qualquer outra para desenvolver a pesquisa sobre a gravidade quântica foi John Wheeler, personagem lendário que atravessou a física do século passado (figura 5.2). Aluno e colaborador de Niels Bohr em Copenhague, colaborador de Einstein quando este se transferiu para os Estados Unidos, entre seus alunos incluem-se personagens como Richard Feynman... John Wheeler esteve no centro da física de todo um século. Era dotado de grande imaginação. Foi ele quem inventou e popularizou o termo "buraco negro" para designar as regiões do espaço das quais nada mais pode sair. Seu nome está ligado sobretudo às pesquisas, muitas vezes mais intuitivas que matemáticas, sobre como pensar o espaço-tempo quântico. Apreendida profundamente a lição de Bronštein segundo a qual as propriedades quânticas do campo gravitacional implicam uma modificação da noção de espaço em pequena escala, Wheeler procurou imagens para pensar esse espaço quântico. Imaginou-o como uma nuvem de diferentes geometrias sobrepostas, assim como podemos imaginar um elétron quântico solto em uma nuvem de diferentes posições.

---

* "Não se cura a ferida afrouxando o arco" (que a provocou). Referência ao poema de Francesco Petrarca "Erano i capei d'oro a L'aura sparsi", centrado no amor que Petrarca nutre por Laura. (N. T.)

Figura 5.2 *John Wheeler.*

Imagine-se em um avião a grande altura olhando para o mar: você vê uma região ampla parecida com uma mesa azulada e plana. Então, o avião reduz a altitude e você olha mais de perto. Começa a ver as grandes ondas elevadas por um vento que sopra forte na superfície do mar. A altitude fica ainda menor e você vê que as ondas se quebram e a superfície do mar é uma franja de espuma. Assim era o espaço na imaginação de John Wheeler.[5] Em nossa escala, imensamente maior que a escala de Planck, o espaço é liso e plano, e descrito pela geometria euclidiana. Mas se descemos à escala de Planck, ele se recorta e espumeja.

Wheeler procurou uma maneira de descrever esse espumar do espaço, essa onda de probabilidades de diferentes geometrias. Em 1966, um jovem colega, que morava no estado da Carolina, Bryce DeWitt, deu-lhe a chave.[6] Wheeler viajava muito e encontrava seus colaboradores como podia. Pediu a Bryce que o encontrasse no aeroporto de Raleigh Durham, na Carolina do Norte, onde precisava ficar por algumas horas à espera de uma conexão entre aviões. Bryce foi até lá e mostrou-lhe uma equação para uma "função de onda do espaço" obtida com um simples truque matemático.[7] Wheeler ficou entusiasmado. Da conversa nasceu uma espécie de "equação dos orbitais" da relatividade geral, uma equação que deveria determinar a probabilidade de observar certo espaço curvo ou então outro. Por muito tempo, Wheeler a chamou de "equação de DeWitt". E por muito tempo DeWitt a denominou "equação de Wheeler". Para todos os outros, ela é a "equação de Wheeler-DeWitt".

A ideia era ótima e passou a ser a base para tentar construir a teoria da gravidade quântica, mas a equação está repleta de problemas, e são problemas sérios. Antes de tudo, é realmente mal definida do ponto de vista matemático. Ao usá-la para fazer algumas contas, logo se percebe que se obtêm resultados infinitos e desprovidos de sentido. Caso se queira realmente empregá-la, é necessário reconstruí-la um pouco melhor.

Mas, acima de tudo, não se sabe como interpretá-la e o que ela significa exatamente. Entre os aspectos mais desconcertantes está o fato de que a equação já não contém a variável que indica o tempo. Como usá-la para calcular a evolução de alguma coisa no tempo? O que significa uma teoria física sem a variável tempo? Durante anos a pesquisa girará em torno de tais questões, tentando virar essa equação pelo avesso, para defini-la melhor e entender o que significa.

Os primeiros passos dos loops

A névoa começou a se dissipar por volta do final dos anos 1980. Surpreendentemente, surgiram algumas soluções da equação de Wheeler-DeWitt. Seguiu-se um período de discussões intensas e de pensamento em ebulição. Naqueles anos, eu estava primeiro na Universidade de Syracuse, no estado de Nova York, em visita ao físico indiano Abhay Ashtekar, e depois na Universidade de Yale, em Connecticut, em visita ao físico americano Lee Smolin. Ashtekar contribuiu para reescrever a equação de Wheeler-DeWitt em um formato mais simples, e Smolin, juntamente com Ted Jacobson, da Universidade de Maryland em Washington, foi um dos primeiros a vislumbrar as incríveis soluções da equação.

As soluções tinham uma estranha particularidade: dependiam de *linhas fechadas* no espaço. Uma linha fechada é um "anel" ou, em inglês, um loop. Conseguia-se escrever uma solução da equação de Wheeler-DeWitt para cada linha fechada sobre si mesma. O que isso significava? Em um clima de grande entusiasmo, surgiram os primeiros trabalhos daquela que depois se tornou a teoria da *gravidade quântica em loop*, à medida que o sentido dessas soluções da equação de Wheeler--DeWitt se esclareceu, e com base nessas soluções pouco a pouco se construiu uma teoria coerente, que herdou o nome de "teoria dos loops", em virtude das primeiras soluções construídas.

Hoje centenas de cientistas espalhados por todo o mundo, da China à América do Sul, da Indonésia ao Canadá, estão trabalhando nessa teoria que lentamente se constrói, hoje denominada "teoria dos loops" ou "gravidade quântica em loop", à qual são dedicados os próximos capítulos. A teoria está sendo desenvolvida em quase todos os países avançados do mundo (exceto a Itália), por grupos de teóricos entre os quais se destacam muitos inteligentíssimos jovens italianos (todos trabalhando, infelizmente, em universidades fora do país). Não é a única direção que a pesquisa fundamental está testando, mas é aquela que muitos julgam mais promissora.[8] O panorama sobre a realidade descortinado por essa teoria é estranho e desconcertante. Nos dois próximos capítulos procurarei descrevê-lo.

6. Quanta de espaço

O capítulo precedente encerrou-se com as soluções encontradas por Jacobson e Smolin para a equação de Wheeler-DeWitt, a hipotética equação básica da gravidade quântica. Essas soluções dependem de linhas que se fecham sobre si mesmas, ou "loops". Qual é o significado dessas soluções? O que elas representam?

Lembra-se das linhas de Faraday? As linhas que transportam a força elétrica e que, na imaginação de Faraday, preenchem o espaço? As linhas que estão na origem do conceito de campo? Pois bem, as linhas fechadas que aparecem nas soluções da equação de Wheeler-DeWitt são linhas de Faraday do campo gravitacional.

Mas há duas novidades em relação às ideias de Faraday.

A primeira é que agora estamos na teoria quântica. Na teoria quântica, tudo é discreto e "quantizado". Isso implica que a teia contínua, infinitamente fina, das linhas de Faraday torna-se agora uma verdadeira teia, com um número finito de fios distintos. Cada linha que determina uma solução descreve um dos fios dessa teia.

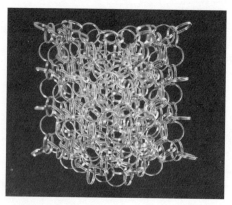

Figura 6.1 *As linhas de força quânticas de Faraday tecem o espaço como uma malha tridimensional de anéis (loops) entrelaçados.*

A segunda novidade, a crucial, é que estamos falando de gravidade e, portanto, como Einstein compreendeu, não se trata de campos imersos no espaço, e sim da própria estrutura do espaço. As linhas de Faraday do campo gravitacional quântico são os fios com que é tecido o espaço. No início, a atenção da pesquisa concentrou-se totalmente nessas linhas e se perguntava como elas podiam dar origem ao nosso espaço físico tridimensional, "entrelaçando-se". A figura 6.1 representa a tentativa de dar uma ideia intuitiva da estrutura discreta do espaço que daí resultaria.

No entanto, graças à intuição e às capacidades matemáticas de jovens brilhantes como o argentino Jorge Pullin e o polonês Jurek Lewandowski, logo se começou a esclarecer que a chave para compreender a física dessas soluções está nos pontos em que essas linhas se tocam. Esses pontos são denominados "nós", e os traços de linha entre um nó e o outro são conhecidos pelo termo inglês "link", ligações. Um conjunto de linhas que se tocam forma aquilo que se denomina "grafo", ou seja, um conjunto de nós unidos por links, como na figura 6.3. De fato, um cálculo mostra que o espaço físico não tem volume, a não ser que existam alguns nós. Em outras palavras, é nos nós do grafo, e não em suas linhas, que "reside" o volume do espaço. As linhas "ligam" os volumes isolados.

Mas foi preciso esperar vários anos antes que o quadro se esclarecesse. Primeiro a matemática aproximativa da equação de Wheeler-DeWitt teve de ser transformada em uma estrutura matemática coerente e bem definida antes de ser possível fazer os cálculos. Ela possibilitou obter resultados precisos. O resultado técnico que esclarece o significado físico desses grafos é o cálculo dos espectros de volume e de área.

Espectros de volume e de área

Tome uma região qualquer do espaço. Por exemplo, o volume da sala onde você, leitor, está lendo (se estiver numa sala). Quão grande é esse espaço? A dimensão do espaço da sala é dada por seu volume. O volume é uma quantidade geométrica, que depende da geometria do espaço, mas a geometria do espaço — como Einstein compreendeu e como relatei no capítulo 3 — é o campo gravitacional. O volume é, portanto, uma variável do campo gravitacional e "quanto campo gravitacional há" entre as paredes.

Porém o campo gravitacional é uma quantidade física e, como todas as quantidades físicas, está sujeito às regras da mecânica quântica. Em especial, como todas as quantidades físicas, o volume não pode assumir valores arbitrários, mas apenas certos valores particulares, como contei no capítulo 4. A lista de valores possível é denominada "espectro". Desse modo, deve existir um "espectro do volume" (figura 6.2).

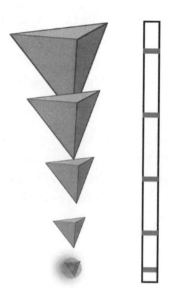

Figura 6.2 *O espectro do volume: os volumes de um tetraedro regular possíveis na natureza são apenas alguns. O menor, embaixo, é o menor volume existente.*

Dirac nos deu a receita para calcular o espectro de cada variável, ou seja, o elenco dos possíveis valores que essa variável pode assumir. Aplicando-a, podemos calcular o espectro do volume, isto é, todos os valores que o volume pode assumir. Esse cálculo exigiu tempo para ser formulado e aprimorado, e nos deu muito trabalho. Mas foi concluído na metade dos anos 1990, e a resposta, como era de se esperar (Feynman dizia que nunca se pode fazer um cálculo sem antes saber o resultado), é que o espectro do volume é discreto. Ou seja, o volume só pode ser formado por "pacotes discretos". Um pouco como a energia do campo eletromagnético, que é constituída por "pacotes discretos", os fótons.

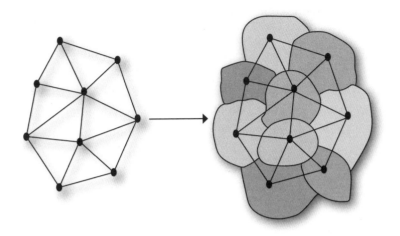

Figura 6.3 À esquerda, um grafo formado por nós unidos por links. À direita, os grãos de espaço que o grafo representa. Os links indicam os grãos adjacentes, separados por superfícies.

Os nós do grafo representam os pacotes discretos de volume e, como os fótons, podem ter apenas certas grandezas particulares, que são passíveis de ser calculadas. Cada nó n do grafo tem um volume próprio v_n. Os nós são "quanta" elementares dos quais é feito o espaço. Cada nó do grafo é um "grão quântico de espaço". A estrutura que surge é a ilustrada na figura 6.3.

Lembram-se? Um link é um quantum individual de uma linha de Faraday do campo gravitacional. Agora compreendemos o que representa: se vocês imaginam dois nós como duas pequenas "regiões" de espaço, essas duas regiões estarão separadas por uma pequena superfície. A dimensão dessa superfície é dada por sua *área*. A segunda quantidade, depois do volume, para caracterizar essas redes quânticas de espaço é, portanto, a *área* associada a cada linha.[1]

A área, assim como o volume, também é uma variável física e, portanto, tem um espectro que pode ser calculado com as receitas de Dirac. O resultado do cálculo é bem simples, a ponto de poder ser reproduzido aqui, e gostaria de mostrá-lo para vocês, de modo que, ao menos uma vez, possam ver como funcionam os espectros de Dirac. Os possíveis valores da área A são dados pela fórmula a seguir, em que j é um "semi-inteiro", ou seja, um número que é metade de um inteiro, como 0, ½, 2, ³/₂, 3, ⁵/₂...

$$A = 8\pi L_P^2 \sqrt{j(j+1)}$$

Vamos tentar compreender esta fórmula. A é a área que pode ter uma superfície que separa dois grãos de espaço. 8 é o número 8, e não tem nada de especial. π é o *pi grego* que estudamos na escola: a constante que dá a relação entre a circunferência e o diâmetro de um círculo qualquer, que está presente por todas as partes em física e em matemática, não sei por quê. L_p é o comprimento de Planck, o comprimento muito pequeno em cuja escala acontecem os fenômenos da gravidade quântica. L_P^2 é o quadrado de L_p, ou seja, a área (muito pequena) de um quadradinho com o lado igual ao comprimento de Planck. Portanto, $8\pi L_P^2$ é simplesmente uma área "pequena": a área de um quadradinho cujo lado tem o comprimento de um milionésimo de bilionésimo de bilionésimo de bilionésimo de centímetro ($8\pi L_P^2$ é cerca de 10^{-66} cm²). A parte interessante da fórmula é a raiz quadrada e aquilo que ela contém. O ponto-chave é que j é um semi-inteiro, ou seja, pode ter apenas valores múltiplos de ½. Para cada um deles, a raiz tem certo valor, reproduzido (aproximado) na tabela 6.1.

Tabela 6.1 *Spin e valor correspondente da área em unidade de área mínima.*

j	$\sqrt{j(j+1)}$
½	0,8
1	1,4
$^3/_2$	1,9
2	2,4
$^5/_2$	2,9
3	3,4
–	–

Ao multiplicar-se os números da coluna da direita pela área $8\pi L_p^2$, obtêm-se os valores possíveis da área da superfície. Esses valores especiais são como aqueles que aparecem no estudo das órbitas dos elétrons nos átomos, em que a mecânica quântica permite apenas certas órbitas. O ponto-chave é que *não existem* outras áreas além dessas. Não existe uma superfície que tenha área de um décimo de $8\pi L_p^2$. Portanto, a área não é contínua: é granular. Não existe uma área arbitrariamente pequena. O espaço nos parece contínuo apenas porque nossos olhos não veem a escala muito pequena dos quanta individuais de espaço. Assim como, olhando bem, podemos ver que em uma camiseta existe uma escala na qual o pano é tecido por fios individuais.

Quando dizemos que o volume de uma sala é, por exemplo, de cem metros cúbicos, de fato estamos *contando* os grãos de espaço — ou melhor, os "quanta de campo gravitacional" — que contém. Em uma sala normal, eles chegam a um número com mais de cem algarismos. Quando dizemos que a área desta página é de duzentos centímetros quadrados, estamos contando o número de links da rede, ou seja, de loops, que atravessa a página. Através da página deste livro, eles formam um número constituído por cerca de setenta algarismos.

A ideia de que a medida de comprimentos, áreas e volumes é, em última análise, a contagem de elementos individuais foi defendida pelo próprio Riemann no século XIX: o matemático que desenvolveu a teoria dos espaços matemáticos curvos *contínuos* percebeu que um espaço físico discreto é, em última instância, muito mais sensato que um espaço contínuo.

Vamos tentar resumir. A gravidade quântica em loop, ou "teoria dos loops" combina relatividade geral e mecânica quântica com muito cuidado, porque não utiliza nenhuma outra hipótese a não ser essas duas teorias, oportunamente reescritas para se tornarem compatíveis. Mas suas consequências são radicais.

A relatividade geral nos ensinou que o espaço não é uma caixa rígida e inerte, e sim algo dinâmico, como o campo eletromagnético: um imenso molusco imóvel em que estamos imersos, um molusco que se comprime e se retorce. A mecânica quântica nos ensina que todo campo desse tipo é "feito de quanta", ou seja, tem uma estrutura sutil granular. O que se conclui dessas duas descobertas gerais sobre a natureza?

Conclui-se, desde logo, que o espaço físico, sendo um campo, é também "feito de quanta". A mesma estrutura granular que caracteriza os outros campos quânticos caracteriza igualmente o campo gravitacional quântico, e portanto deve caracterizar o espaço. Assim, esperamos que o espaço tenha um *grão*. Esperamos que existam "quanta de espaço", assim como existem quanta de luz, que são os quanta do campo eletromagnético de que é feita a luz, e assim como todas as partículas são quanta de campos quânticos. O espaço é o campo gravitacional, e os quanta do campo gravitacional serão "quanta de espaço": os constituintes granulares do espaço.

A previsão central da teoria dos loops é precisamente que o espaço não é contínuo, não é divisível ao infinito, mas é formado por "átomos de espaço". Muito pequenos: 1 bilhão de bilhões de vezes menores que o menor dos núcleos atômicos.

Com a teoria dos loops, a ideia dessa estrutura atômica e granular do espaço encontra uma formulação e uma matemática precisas, capazes de descrever sua estrutura quântica e calcular suas exatas dimensões e sua estrutura geral. A teoria dos loops descreve em forma matemática esses "átomos elementares de espaço" e as equações que determinam sua evolução: as equações gerais da mecânica quântica escritas por Dirac, aplicadas ao campo gravitacional de Einstein.

Em particular, o volume (por exemplo, o volume de um pequeno cubo) não pode ser arbitrariamente pequeno. Há um pequeno volume mínimo. Não existe espaço menor que esse pequeno volume mínimo. Há um "quantum" mínimo de volume. Um átomo elementar de espaço.

Átomos de espaço

Lembra-se de Aquiles correndo atrás da tartaruga? Zenão observou que é um pouco difícil aceitar a ideia de que Aquiles precisa percorrer um número infinito de trajetos antes de alcançar o lento animal. A matemática encontrou uma possível resposta para essa fonte de perplexidade, mostrando que a soma de um número infinito de intervalos cada vez menores pode resultar em um intervalo total finito.

Mas é realmente isso o que acontece na natureza? De fato existem na natureza intervalos arbitrariamente curtos entre Aquiles e a tartaruga? Tem sentido falar de um bilionésimo de um bilionésimo de um bilionésimo de um bilionésimo de um milímetro e pensar em dividi-lo ainda em inúmeros intervalos?

O cálculo dos espectros quânticos das quantidades geométricas indica que a resposta para essa pergunta é negativa: não existem pedaços do espaço arbitrariamente pequenos. Há um limite inferior para a divisibilidade do espaço. É uma escala muito pequena, mas ela existe. Foi o que Matvei Bronštein intuiu nos anos 1930, fundamentando-se em argumentos aproximativos. O cálculo dos espectros de área e volume, concluído há poucos anos, baseado apenas na aplicação das equações de Dirac às variáveis da relatividade geral, confirmou a ideia e a enquadrou em uma formulação matemática.

O espaço é, portanto, granular. Aquiles não pode dar um número infinito de saltos para alcançar a tartaruga porque não existem saltos infinitamente pequenos em um espaço feito de grãos de tamanho finito. O herói se aproximará do animal e no final só poderá atingi-lo com um único salto.

Mas, pensando bem, caro leitor, não era exatamente essa a solução proposta por Leucipo e Demócrito? É verdade que eles falavam de estrutura granular da matéria, e não sabemos bem o que diziam sobre a estrutura do espaço. Infelizmente, uma vez mais, não dispomos dos textos deles e temos de nos conformar com o vago conteúdo das citações de outros. É como tentar reconstruir a *Divina comédia* tomando como base o resumo da obra feita por outro autor.[2] Mas, pensando bem, o argumento de Demócrito sobre a incongruência da ideia do contínuo como um conjunto de pontos, citado por Aristóteles, se aplica até melhor ao espaço que à matéria. Não tenho certeza, mas imagino que, se pudéssemos perguntar a Demócrito se teria sentido poder medir o espaço em escalas arbitrariamente pequenas, ou pensá-lo como um verdadeiro contínuo de pontos infinitesimais, sua resposta só poderia ser a de nos lembrar que deve existir um limite para a divisibilidade. Para o grande filósofo de Abdera, a matéria só podia ser feita de átomos elementares indivisíveis. Uma vez compreendido que o espaço pode ser experimentado como a matéria — que o espaço, como dizia ele mesmo, tem uma natureza própria, uma "certa física" —, creio que não teria hesitado em deduzir que também o espaço só pode ser feito de átomos elementares indivisíveis. Seja como for, estamos seguindo a trajetória de Demócrito.

Não quero de modo algum dizer que a física foi inútil por dois milênios, que os experimentos e a matemática não servem para nada, e que Demócrito podia nos dar a credibilidade oferecida pela ciência moderna. É claro que não. Sem experimentos e sem matemática, jamais teríamos compreendido o que compreendemos. Mas desenvolvemos os nossos esquemas conceituais para compreender o mundo explorando ideias novas e ao mesmo tempo construindo com base em intuições profundas e poderosas obtidas por gigantes do passado. Demócrito foi um desses gigantes, e, sentados em seus ombros gigantescos, pudemos construir o novo que encontramos.

Mas voltemos à gravidade quântica.

Redes de spins

Os grafos que descrevem os estados quânticos do espaço são caracterizados por um volume v para cada nó e por um número semi-inteiro j para cada linha. Um grafo com esses números associados se chama "rede de spins" (*spin network*) (figura 6.4). Em física, os números semi-inteiros são denominados "spins", porque aparecem com muita frequência na mecânica quântica das coisas que giram, e girar, em inglês, é *spin*. Uma rede de spins representa um estado quântico do campo gravitacional: representa um possível estado quântico do espaço. Um espaço granular, em que volume e área são discretos.

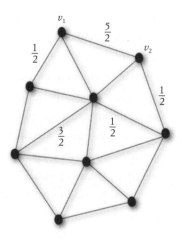

Figura 6.4 *Uma rede de spins.*

Retículos finitos são usados com frequência em física para aproximar o espaço. Mas aqui não existe um espaço contínuo para ser aproximado: o espaço é genuinamente granular em pequena escala. Esse é o ponto central da gravidade quântica.

Existe uma diferença crucial entre os fótons, quanta do campo eletromagnético, e os nós do grafo, "quanta de espaço". Os fótons vivem no espaço, enquanto os quanta de espaço são eles mesmos o espaço. Os fótons caracterizam-se por "onde estão".[3] Ao contrário, os quanta de espaço não têm onde ficar, porque eles mesmos são "o lugar". Eles têm outra informação crucial que os caracteriza: a informação sobre quais são os outros quanta de espaço adjacentes: quem está perto de quem. Ela é expressa pelos links do grafo. Dois nós ligados por um link são dois quanta de espaço próximos. São dois grãos de espaço que se tocam. É esse "tocar-se" que constrói a estrutura do espaço.

Esses quanta de gravidade representados por nós e linhas, repito, não estão *no* espaço; *eles mesmos são o espaço*. As redes de spins que descrevem a estrutura quântica do campo gravitacional não estão imersas no espaço, não habitam um espaço. A localização de cada quantum de espaço não é definida em relação a alguma coisa, mas apenas pelos links, e apenas em relação um ao outro.

Posso pensar que me desloco de um grão de espaço para um adjacente ao longo de um link. Se passo de um grão para outro até fechar um circuito e volto ao grão de partida, fiz um "anel" ou "loop". Esses são os loops originários da teoria. No capítulo 4 mostrei que a curvatura do espaço pode ser medida determinando se uma flecha transportada através de um circuito fechado volta à mesma posição inicial ou se chega virada. A matemática da teoria determina essa curvatura para cada circuito fechado do grafo, e isso permite avaliar a curvatura do espaço-tempo e, portanto, a força do campo gravitacional.[4]

Agora, porém, lembramos que a mecânica quântica é mais que unicamente a granularidade de algumas grandezas físicas. Existem também os outros dois aspectos que a caracterizam. Antes de tudo, o fato de que a evolução é apenas probabilista: a maneira como as redes de spins "evoluem" é casual, e podemos calcular sua probabilidade. Falo a esse respeito no próximo capítulo, dedicado ao tempo.

Além disso, há outra novidade da mecânica quântica: não devemos pensar as coisas "como são", e sim "como interagem". Isso significa que não devemos pensar as redes de spins como entidades, como se fossem uma grade em que o mundo se apoia. Devemos pensá-las como efeito do espaço sobre as coisas. Entre uma interação e outra, assim como um elétron não está em lugar algum, ou está difuso em uma nuvem de probabilidades em todos os lugares, do mesmo modo o espaço não é uma rede de spins específica, e sim uma nuvem de probabilidades sobre todas as possíveis redes de spins.

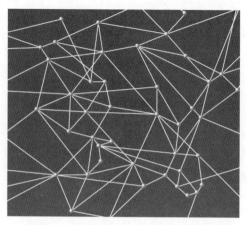

Figura 6.5 *Em escala muito pequena, o espaço não é contínuo: é tecido por elementos finitos interconectados.*

Em escala muito pequena, o espaço é um pulular flutuante de quanta de gravidade que agem um sobre o outro e todos juntos agem sobre as coisas, e se manifestam nessas interações como redes de spins, grãos em relação um com o outro (figura 6.5).

O espaço físico é o tecido resultante do pulular contínuo dessa trama de relações. Por si sós, as linhas não estão em parte alguma, não estão em lugar algum: são elas mesmas, nas suas interações, que criam os lugares. O espaço é criado pelo interagir de quanta individuais de gravidade.

Chegamos, portanto, a um dos resultados centrais da gravidade quântica: a estrutura discreta do espaço formado pelos quanta de espaço que dão o título a este livro.[5] Esse é apenas o primeiro passo. O segundo diz respeito ao tempo. Ao tempo é dedicado o próximo capítulo.

7. O tempo não existe

Nec per se quemquam tempus sentire fatendumst
semotum ab rerum motu [...].
Lucrécio, *De rerum natura*[1]

O inteligente leitor deve ter percebido que, no capítulo anterior, não falei de tempo. Contudo, há mais de um século, Einstein demonstrou que não podemos separar tempo e espaço; temos de pensá-los juntos como um todo único, o espaço-tempo. Chegou o momento de remediar isso e inserir o tempo no quadro.

Durante anos, a pesquisa em gravidade quântica concentrou-se nas equações espaciais antes de ter a coragem de enfrentar o tempo. Nos últimos quinze anos, a maneira de pensar o tempo começou a se esclarecer. Vou tentar explicar como.

O espaço como recipiente amorfo das coisas desaparece da física com a gravidade quântica. As coisas (os quanta) não habitam o espaço, habitam uma os arredores da outra, e o espaço é o tecido de suas relações de vizinhança.

Se temos de abandonar a ideia do espaço como recipiente inerte, então deve ser abandonada também a ideia de tempo como fluxo inerte ao longo do qual se desenvolve a realidade. Assim como desaparece a ideia do espaço contínuo que contém as coisas, desaparece também a ideia de um "tempo" contínuo que flui, no decorrer do qual acontecem os fenômenos.

Em certo sentido, já não existe o espaço na teoria fundamental: os quanta do campo gravitacional não estão *no* espaço. Do mesmo modo, já não existe o tempo na teoria fundamental: os quanta de gravidade não acontecem *no* tempo. É o tempo que nasce como consequência de suas interações. Como se evidenciou com a equação de Wheeler-DeWitt, as equações já não contêm a variável tempo. O tempo, assim como o espaço, deve surgir do campo gravitacional quântico.

Isso já é verdade para a relatividade geral, onde o tempo aparece como um aspecto do campo gravitacional. Mas, enquanto negligenciamos os quanta, ainda podemos pensar o espaço-tempo de modo bastante convencional, como o tapete onde se desenvolve a história do resto da realidade, ainda que seja um tapete curvo. Assim que levamos em conta a mecânica quântica, ao contrário, temos de reconhecer que o tempo também deve ter aspectos de indeterminação probabilística, granularidade e relacionalidade que são comuns a toda a realidade. Torna-se um "tempo" bem diferente de tudo aquilo que até aqui chamamos "tempo". Essa segunda consequência conceitual da teoria da gravidade quântica é mais extrema que o desaparecimento do espaço. Vamos tentar compreendê-la.

O tempo não é aquilo que pensamos

Que o tempo da natureza era diferente da ideia comum que temos dele já estava claro havia mais de um século. A relatividade restrita e a relatividade geral apenas reforçaram essa observação. Hoje, a inadequação dos nossos conceitos prévios sobre o tempo pode ser facilmente verificada em laboratório.

Reconsideremos, por exemplo, a primeira consequência da relatividade geral ilustrada no capítulo 3: pegue dois relógios, certifique-se de que marcam a mesma hora, coloque um no chão e o outro sobre um móvel. Espere cerca de meia hora e depois volte a colocá-los um do lado do outro. Eles ainda marcarão a mesma hora?

Se você se lembra do que falei no capítulo 3, a resposta é não. Os relógios que geralmente temos no pulso ou no celular não são bastante precisos para nos permitir verificar esse fato, mas em muitos laboratórios de física existem relógios suficientemente precisos para mostrar a discrepância: o relógio deixado no chão fica atrasado em relação ao colocado no móvel.

Por quê? Porque o tempo não passa de modo igual no mundo. Em alguns lugares, flui mais rápido; em outros, mais lentamente. Mais próximo da Terra, onde a gravidade[2] é mais intensa, o tempo desacelera. Lembra-se dos dois gêmeos do capítulo 3, que se reencontram com idades diferentes depois que um deles viveu durante anos próximo ao mar, enquanto o outro permaneceu na montanha? Obviamente o efeito é extremamente exíguo: o tempo ganho ao se viver próximo ao mar em relação ao tempo transcorrido na montanha mais alta é composto de infinitésimas frações de segundo, mas isso não impede que seja uma diferença real. O tempo não funciona da maneira como geralmente pensamos.

Não podemos pensar o tempo como se existisse um grande relógio cósmico que marca a vida do Universo. Há mais de um século, aprendemos que temos de pensar o tempo como algo local: cada objeto do Universo tem o próprio tempo que flui, e o que determina esse tempo é o campo gravitacional.

No entanto, nem mesmo esse tempo local funciona mais quando levamos em conta a natureza quântica do campo gravitacional. Os eventos quânticos já não são ordenados por um modo de fluir do tempo, em escala muito pequena.

Mas o que significa o tempo não existir?

Antes de tudo, a ausência da variável tempo nas equações fundamentais não significa que tudo é imóvel e não existe mudança. Ao contrário, significa que a mudança é ubíqua. Mas os processos elementares não podem ser ordenados em uma sucessão comum de instantes. Na escala muito pequena dos quanta de espaço, a dança da natureza não se desenvolve ao ritmo da batuta de um único maestro que rege um tempo universal: cada processo dança independentemente com os vizinhos, seguindo um ritmo próprio. O fluir do tempo é intrínseco ao mundo, nasce no próprio mundo, das relações entre eventos quânticos que são o mundo, e eles mesmos geram o próprio tempo. Na verdade, a inexistência do tempo não significa nada de muito complicado. Vamos tentar compreender.

O pulso e o candelabro

O tempo aparece em quase todas as equações da física clássica. É a variável tradicionalmente indicada com a letra t. As equações nos dizem como as coisas mudam no tempo e nos permitem prever o que acontecerá em um tempo futuro, se soubermos o que ocorreu em um tempo passado. Mais precisamente, nós medimos algumas variáveis — por exemplo, a posição A de um objeto, a amplitude B de um pêndulo que oscila, a temperatura C de um corpo etc. —, e as equações da física nos dizem como essas variáveis A, B, C mudam no tempo. Ou seja, preveem as funções $A(t)$, $B(t)$, $C(t)$ e assim por diante, que descrevem a mudança dessas variáveis no tempo t a partir das condições iniciais.

Galileu Galilei foi o primeiro a compreender que o movimento dos objetos na Terra podia ser descrito por equações para as funções do tempo $A(t)$, $B(t)$, $C(t)$, e a escrever as primeiras equações para essas funções. A primeira lei física terrestre encontrada por Galileu, por exemplo, descreve como cai um objeto, ou seja, como a sua altura x varia com o passar do tempo t ($x(t) = \frac{1}{2} at^2$).

Para descobrir e depois verificar essa lei, Galileu precisava de duas medidas. Tinha de medir a altura x do objeto e o tempo t. Por isso, necessitava de um instrumento que medisse o tempo. Ou seja, necessitava de um *relógio*.

Na época de Galileu, não havia relógios precisos; mas o próprio Galileu, quando jovem, encontrou uma chave para construir relógios precisos. Ele descobriu que as oscilações de um pêndulo têm todas idêntica duração (mesmo que a amplitude diminua). Portanto, era possível medir o tempo simplesmente contando as oscilações de um pêndulo. Parece uma ideia óbvia, mas foi preciso esperar Galileu para encontrá-la; ninguém pensou nela antes: a ciência é assim.

Contudo, nada é tão simples. Diz a lenda que Galileu teve essa intuição na maravilhosa catedral de Pisa, observando as lentas oscilações de um gigantesco candelabro, ainda hoje pendurado ali. (A história é falsa, porque o candelabro foi pendurado anos depois da descoberta de Galileu, mas não deixa de ser uma bela história. Ou talvez antes houvesse outro candelabro, não sei...) O cientista observava as oscilações do candelabro durante uma função religiosa — na qual, evidentemente, não estava muito interessado — e contava as batidas do próprio pulso. Emocionado, descobriu que o número de batidas era o mesmo para cada oscilação e que esse número não mudava nem quando o candelabro ficava mais lento e oscilava com menor amplitude. Deduziu daí que todas as oscilações duravam o mesmo tempo.

A história é bonita, mas deixa perplexos os que se dispõem a uma reflexão mais atenta, e essa perplexidade constitui o ponto central do problema do tempo. A perplexidade é a seguinte: como Galileu sabia que *as próprias pulsações* duravam todas o mesmo tempo?[3]

Não muitos anos depois de Galileu, os médicos começaram a medir as batidas do pulso de seus pacientes utilizando um relógio, que não é outra coisa senão um pêndulo. Então, usamos as pulsações para nos certificar de que o pêndulo é regular e depois o pêndulo para nos certificar de que as pulsações são regulares. Não é um círculo vicioso? O que significa?

Significa que nós, na verdade, nunca medimos o tempo em si, medimos sempre algumas variáveis físicas A, B, C... (oscilações, batidas e muitas outras coisas) e comparamos sempre uma variável com a outra, ou seja, medimos as funções $A(B)$, $B(C)$, $C(A)$... e assim por diante. Podemos contar o número de batidas para cada oscilação, o número de oscilações para cada tique de um cronômetro, o número de tiques de um cronômetro em relação ao relógio da torre... É *útil* imaginar que existe a variável t, o "verdadeiro tempo", que é subjacente a tudo, mesmo que não a possamos medir diretamente. Escrevemos todas as equações para as variáveis físicas em relação a esse *inobservável t*, equações que nos dizem como as coisas mudam em t, ou seja, por exemplo, quanto tempo demora cada oscilação e quanto tempo leva cada batida do coração. Com base nisso, podemos calcular como as variáveis mudam uma em relação à outra, por exemplo, quantas batidas ocorrem em uma oscilação, e podemos comparar essa previsão com o que observamos no mundo. Se as previsões são corretas, deduzimos daí que todo esse complicado esquema é bom, e em particular que é útil usar a variável tempo t, mesmo que não possamos medi-la diretamente.

Em outras palavras, a existência da variável tempo é uma assunção, não o resultado de uma observação.

Foi Newton quem compreendeu tudo isto: compreendeu que essa era a coisa certa a fazer e esclareceu e elaborou esse esquema. Em seu livro, Newton afirmou explicitamente que não podemos medir o "verdadeiro" tempo t, mas, se *assumimos* que ele existe, temos a possibilidade de construir um esquema muito eficaz para compreender e descrever a natureza.

Esclarecido isso, chegamos finalmente à gravidade quântica e ao significado da asserção "o tempo não existe". O significado é simplesmente que, quando nos ocupamos de coisas muito pequenas, o esquema newtoniano deixa de funcionar. Era um bom esquema, mas apenas para fenômenos grandes.

Se queremos compreender o mundo mais em geral, se queremos compreendê-lo também em regimes que nos são menos familiares, temos de abandonar esse esquema. A ideia de um tempo t que flui por si mesmo, e em relação ao qual todo o resto se desenvolve, já não é uma ideia eficaz. O mundo não é descrito por equações de evolução no tempo t.

O que temos de fazer é simplesmente nos limitar a elencar as variáveis A, B, C... que *efetivamente* observamos, e escrever relações entre essas variáveis, ou seja, equações para as relações $A(B)$, $B(C)$, $C(A)$... que observamos, e não para as funções $A(t)$, $B(t)$, $C(t)$... que *não* observamos.

No exemplo do pulso e do candelabro, não teremos o pulso e o candelabro que evoluem no tempo, mas apenas equações que nos dizem como um pode evoluir em relação ao outro. Ou seja, equações que, em vez de falar do tempo *t* de uma batida do pulso e do tempo *t* de uma oscilação do candelabro, nos dizem diretamente quantas batidas do pulso existem em uma oscilação do candelabro, sem falar de *t*.

A "física sem tempo" é a física em que se fala apenas do pulso e do candelabro, sem citar o tempo.

Trata-se de uma mudança simples, mas, de um ponto de vista conceitual, o salto é grande. Temos de aprender a pensar o mundo não como algo que muda no tempo, mas de alguma outra maneira. As coisas mudam apenas uma em relação a outra. No nível fundamental, o tempo não existe. A impressão do tempo que passa é apenas uma aproximação que só tem valor para as nossas escalas macroscópicas: deriva do fato de que observamos o mundo somente de modo rudimentar.

O mundo descrito pela teoria está distante daquele que nos é familiar. Não existe mais o espaço que "contém" o mundo e não existe mais o tempo "ao longo do qual" ocorrem os eventos. Existem processos elementares nos quais quanta de espaço e matéria interagem entre si continuamente. A ilusão do espaço e do tempo contínuos ao nosso redor é a visão desfocada desse denso pulular de processos elementares. Assim como um plácido e transparente lago alpino é formado por uma dança veloz de miríades de minúsculas moléculas de água.

Sushi de espaço-tempo

Como essas ideias se aplicam à gravidade quântica? Como se descreve a mudança onde não existe nem o espaço recipiente do mundo nem o tempo ao longo do qual o mundo flui?

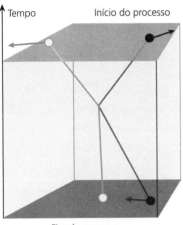

Figura 7.1 *Uma região do espaço-tempo em que uma bola preta atinge uma bola branca parada, ricocheteia e a põe em movimento. A caixa é a região do espaço-tempo. No interior dela estão desenhados os percursos das bolas.*

A chave é se perguntar como os processos físicos normais se situam no espaço e no tempo. Pense em um processo qualquer, por exemplo o choque de duas bolas de bilhar na mesa verde. Imagine uma bola vermelha que é lançada na direção de uma amarela, se aproxima, se choca com ela, e as duas bolas se afastam em direções opostas. Esse processo, como todos, acontece em uma zona finita do espaço, digamos uma mesa de aproximadamente dois metros de lado, e dura um intervalo finito de tempo, digamos três segundos. Para tratar esse processo em gravidade quântica é preciso incluir nele o próprio espaço e o próprio tempo (figura 7.1).

Em outras palavras, não devemos descrever apenas as duas bolas, mas também tudo o que está em torno delas: a mesa e os outros eventuais objetos materiais, e sobretudo o espaço em que estão imersas, por todo o tempo transcorrido entre o início do lançamento e aquele que queremos considerar o fim do processo. Recordemos que espaço e tempo são o campo gravitacional, o "molusco" de Einstein, e por isso estamos incluindo no processo também o campo gravitacional, ou seja, um pedaço do "molusco". Tudo está imerso no grande molusco de Einstein: pense em recortar uma pequena porção finita dele, como um pedaço de sushi, que inclui o choque e tudo o que está ao seu redor.

O que obtemos é uma caixa de espaço-tempo, como na figura 7.1: um pedaço finito de espaço-tempo com as dimensões de alguns metros cúbicos por alguns segundos de tempo. Observe que *esse* processo não ocorre "no" tempo. A caixa não está *no* espaço-tempo, ela *inclui* o espaço-tempo. Não é um processo *no* tempo, do mesmo modo que os grãos de espaço não estão *no* espaço. Ele mesmo é o evoluir do tempo, assim como os quanta de gravidade não estão *no* espaço, porque eles mesmos são o espaço.

A chave para compreender como a gravidade quântica funciona é considerar não apenas o processo físico dado pelas duas bolas, mas todo o processo definido por toda a caixa, com tudo o que ela compreende, inclusive o campo gravitacional.

Voltemos agora à intuição original de Heisenberg: a mecânica quântica não nos diz o que acontece no decorrer de um processo, mas a probabilidade que liga os diversos possíveis estados iniciais e finais do processo. Os estados iniciais e finais do processo, nesse caso, são dados por tudo aquilo que acontece na *borda* da caixa do espaço-tempo.

Pois bem, o que as equações da gravidade quântica em loop nos dão é a probabilidade associada a cada possível *borda* da caixa. Ou seja, por exemplo, a probabilidade de que as bolas saiam da colisão de uma maneira ou de outra, se entraram de uma maneira ou de outra.

180

Como se calcula essa probabilidade? Lembra-se da "soma sobre os caminhos" de Feynman, que descrevi ao falar de mecânica quântica? As probabilidades, em gravidade quântica, podem ser calculadas da mesma forma. Isto é, considerando todos os possíveis "percursos" que têm a mesma borda. Como estamos considerando a dinâmica do espaço-tempo, temos de considerar *todos os possíveis espaços-tempos* que têm a mesma borda da caixa.

A mecânica quântica implica que entre a borda inicial, onde entram as duas bolas, e a borda final, onde elas saem, não existem um espaço-tempo preciso e um percurso definido das bolas. Ao contrário, haverá uma "nuvem" quântica, na qual "existem juntos" todos os possíveis espaços-tempos e todos os possíveis caminhos. E as probabilidades de ver as bolas saírem de uma maneira ou de outra serão calculadas somando todos os possíveis "espaços-tempos".[4]

Espumas de spins

Se o espaço quântico tem a estrutura de uma rede, que estrutura terá um *espaço-tempo* quântico? Como será um dos "espaços-tempos" que entram no cálculo acima citado? Será uma "história", ou seja, um caminho, de uma rede. Imagine pegar uma rede e movê-la: cada nó da rede desenhará uma linha, como as bolas na figura 7.1, e cada link da rede, movendo-se, desenhará uma superfície: por exemplo, um segmento que se move desenha um retângulo. Mas não é só isso: um nó pode abrir-se em dois ou mais nós, assim como uma partícula pode decair em duas ou mais partículas. Ou então dois ou mais nós podem recombinar-se em um único nó. Desse modo, uma rede que evolui desenha uma imagem como na figura 7.2.

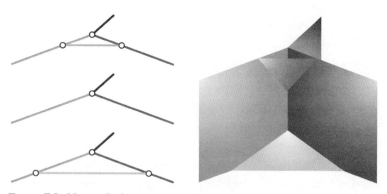

Figura 7.2 *Uma rede de spins que evolui: três nós se combinam em um único nó, e depois se separam novamente. À direita, a espuma de spins desenhada por esse processo.*

A imagem representada à direita na figura 7.2 é chamada "espuma de spins" (*spinfoam* em inglês). "Espuma" porque — olhando bem — é formada por superfícies que se encontram em linhas, as quais por sua vez se encontram em vértices, e é exatamente assim que é feita a espuma de bolhas de sabão (figura 7.3), em que as bolhas também se encontram em linhas que se unem em vértices. Denomina-se "espuma de spins" porque as

Figura 7.3 *Espuma de bolhas de sabão.*

linhas das redes de spins são decoradas com spins, e portanto as faces dessa espuma também são decoradas com spins, ou seja, com números semi-inteiros.

Para calcular as probabilidades de um processo é preciso somar todas as possíveis espumas de spins que estão na caixa, isto é, que têm a mesma borda, em que a borda representa a rede de spins e a matéria que entra e sai do processo.

As equações da gravidade quântica em loop expressam essas probabilidades em termos de somas sobre as espumas de spins de borda fixada. Desse modo, é possível calcular, em princípio, as probabilidades de todos os eventos. (A estrutura dos vértices dessa espuma, para sermos precisos, é um pouco mais complicada que a da figura 7.2 e é mais parecida com a da figura 7.4.)

As teorias quânticas de campo que compõem o modelo-padrão das partículas elementares, e que até agora se mostraram muito eficazes, são de dois tipos. Um primeiro tipo é exemplificado pela eletrodinâmica quântica, ou QED (Quantum Electro-Dynamics), construída por Feynman, um componente

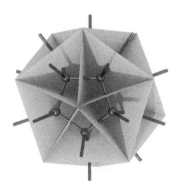

Figura 7.4 *A forma de um vértice de uma espuma de spins. Cortesia Greg Egan.*

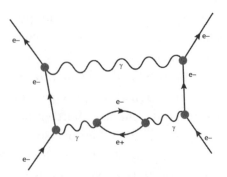

Figura 7.5 *Gráfico de Feynman.*

do modelo-padrão. Nessa teoria, para fazer as contas calculam-se alguns números associados aos "gráficos de Feynman", que representam os processos elementares entre as partículas. Um exemplo de gráfico de Feynman é ilustrado na figura 7.5. A figura representa duas partículas, ou seja, dois quanta do campo, que interagem entre si. No início, a partícula da esquerda decai em duas partículas, uma das quais, por sua vez, se quebra em duas partículas que depois se reúnem e vão confluir na partícula da direita e assim por diante. O gráfico representa, portanto, uma *história* de quanta do campo.

Um segundo tipo de teoria quântica de campo que funciona bem é exemplificado pela cromodinâmica quântica, ou QCD (Quantum Chromo-Dynamics), outra componente do modelo-padrão que descreve, por exemplo, as forças entre os quarks no interior dos prótons. Muitas vezes, em QCD não se consegue aplicar a técnica dos diagramas de Feynman. Mas há outra técnica que funciona bem para calcular muitas coisas. Chama-se "teoria do retículo" e consiste em aproximar o espaço físico contínuo por meio de um retículo, como na figura 7.6. Diferentemente do que ocorre no caso da gravidade quântica, esse retículo não

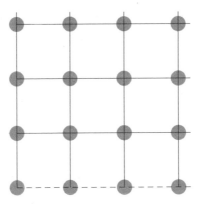

Figura 7.6 *Retículo que aproxima o espaço-tempo físico.*

é considerado uma verdadeira descrição do espaço, mas apenas uma aproximação para fazer os cálculos, como quando os engenheiros calculam a resistência de uma ponte aproximando-a com um número finito de elementos.

Essas duas técnicas de cálculo, os diagramas de Feynman e o retículo, são os dois instrumentos mais eficazes da teoria quântica de campo.

Em gravidade quântica, ao contrário, ocorre algo belo e inesperado: as duas técnicas de cálculo se tornam a mesma coisa. De fato, a espuma de espaço-tempo representada na figura 7.2, empregada para calcular os processos físicos em gravidade quântica, pode ser interpretada *tanto* como um gráfico de Feynman *quanto* como um cálculo no retículo.

É um gráfico de Feynman porque é exatamente uma história de quanta, como nos gráficos de QED. Só que, agora, os quanta não são quanta que se movem no espaço, são quanta de espaço. E, portanto, o grafo que desenham nas suas interações não é uma representação do movimento de partículas no espaço, e sim uma representação da trama do próprio espaço. E essa trama é exatamente também um retículo como o empregado nos cálculos em QCD, com a diferença de que não se trata de uma aproximação, mas da estrutura granular *real* do espaço em pequena escala. As técnicas de cálculo da QED e da QCD se revelam casos particulares de uma técnica geral, que é a soma nas *spinfoams* da gravidade quântica.

Como no caso das equações de Einstein, também aqui não posso me deter para escrever o conjunto completo das equações que descrevem a teoria, embora, obviamente, o leitor não possa decifrá-las, a não ser que se disponha a estudar uma boa porção de matemática e de textos técnicos. Alguém disse que uma teoria não é crível se suas equações não podem ser resumidas em uma camiseta. Eis a camiseta (figura 7.7).

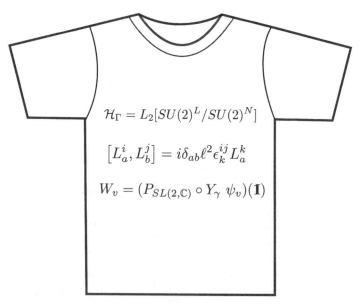

Figura 7.7 *As equações da gravidade quântica em loop resumidas em uma camiseta.*

Essas equações[5] são a versão matemática da descrição do mundo que dei nos dois últimos capítulos. Obviamente, não temos nenhuma certeza se são realmente as equações corretas, se devem ser modificadas ou, talvez, ainda profundamente modificadas. Mas isso, a meu ver, é o que melhor compreendemos por enquanto.

O espaço é uma rede de spins, em que os nós representam os grãos elementares e os links são suas relações de proximidade. O espaço-tempo é criado pelos processos em que essas redes de spins se transformam uma na outra, e esses processos são expressos por somas de espumas de spins, em que uma espuma de spins representa um percurso ideal de uma rede de spins, ou seja, um espaço-tempo granular, em que os nós da rede se combinam e se separam.

Esse pulular microscópico de quanta que cria o espaço e o tempo é subjacente à tranquila aparência da realidade macroscópica que nos rodeia. Cada centímetro cúbico de espaço e cada segundo que passa são o resultado dessa espuma dançante de minúsculos quanta.

Do que é feito o mundo?

Desapareceu o espaço de fundo, desapareceu o tempo, desapareceram as partículas clássicas, desapareceram os campos clássicos. Do que é feito o mundo?

A resposta agora é simples: as partículas são quanta de campos quânticos; a luz é formada por quanta de um campo; o espaço nada mais é que um campo, também ele quântico; e o tempo nasce dos processos desse mesmo campo. Em outras palavras, o mundo é inteiramente feito de campos quânticos (figura 7.8).

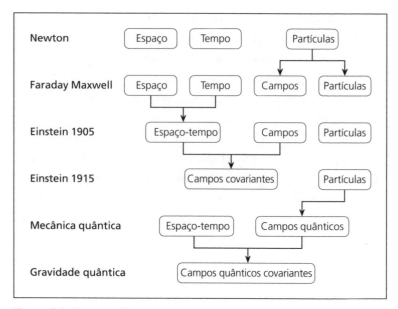

Figura 7.8 *Do que é feito o mundo? De um único ingrediente: campos quânticos covariantes.*

Esses campos não vivem *no* espaço-tempo; vivem, por assim dizer, um sobre o outro: campos sobre campos. O espaço e o tempo que percebemos em grande escala são a imagem desfocada e aproximada de um desses campos quânticos: o campo gravitacional.

Os campos que vivem sobre si mesmos, sem necessidade de um espaço-tempo que lhes sirva de substrato, de suporte, capazes de gerar eles mesmos o espaço-tempo, são chamados "campos quânticos *covariantes*". A substância de que é feito o mundo se simplificou drasticamente nos últimos anos. O mundo, as partículas, a energia, o espaço e o tempo, tudo isso é apenas a manifestação de um único tipo de entidade: os campos quânticos covariantes.

Os campos quânticos covariantes representam a melhor descrição que temos hoje do ἀπείρων (apeiron), a substância primordial que forma o todo, imaginada pelo primeiro cientista e primeiro filósofo, Anaximandro.[6]

A separação entre o espaço curvo e contínuo da relatividade geral de Einstein e os quanta discretos da mecânica quântica que vivem em um espaço plano e uniforme agora desapareceu por completo. A aparente contradição já não existe. Entre o contínuo do espaço-tempo e os quanta de espaço há apenas a mesma relação existente entre as ondas eletromagnéticas e os fótons. As ondas são uma visão aproximada em grande escala dos fótons. Os fótons são a maneira como as ondas interagem. O espaço e o tempo contínuos são uma visão aproximada em grande escala da dinâmica dos quanta de gravidade. Os quanta de gravidade são a maneira como espaço e tempo interagem. A mesma matemática descreve coerentemente o campo gravitacional quântico, assim como os outros campos quânticos.

O preço conceitual pago é a renúncia à ideia de espaço e tempo como estruturas gerais para enquadrar o mundo. Espaço e tempo são aproximações que emergem em grande escala. Kant talvez tivesse razão ao dizer que o sujeito do conhecimento e o seu objeto são inseparáveis, mas se equivocou ao pensar que o espaço e o tempo newtonianos poderiam ser formas a priori do conhecimento, partes de uma gramática imprescindível para compreender o mundo. Essa gramática evoluiu e evolui com o aumento do nosso conhecimento.

A tensão entre a relatividade geral e a mecânica quântica, portanto, não é tão grande como parecia no início. Aliás, olhando bem, elas se dão as mãos e conversam em profundidade. As relações espaciais que tecem o espaço curvo de Einstein são as mesmas interações que tecem as relações entre os sistemas elementares da mecânica quântica. Elas se tornam compatíveis e aliadas, duas faces da mesma moeda, assim que se percebe que espaço e tempo são aspectos de um campo quântico e que os campos quânticos podem viver mesmo sem ter os "pés fincados" em um espaço externo.

Esse quadro rarefeito da estrutura fundamental do mundo físico é o olhar sobre a realidade hoje oferecido pela gravidade quântica em loop.

O prêmio principal dessa física é que, como veremos na próxima parte, o infinito desaparece. O infinitamente pequeno já não existe. Os infinitos que afligiam a teoria quântica dos campos, definida em um espaço contínuo, desaparecem, porque eram gerados precisamente pela assunção, fisicamente equivocada, da continuidade do espaço. As singularidades que tornavam absurdas as equações de Einstein quando o campo gravitacional ficava forte demais desaparecem: eram dadas apenas porque se deixava de lado a quantização do campo. Pouco a pouco, as peças vão se encaixando. Nas partes finais descreverei algumas consequências físicas da teoria.

Pode parecer estranho e difícil pensar essas entidades discretas elementares que não estão no espaço e no tempo, mas tecem espaço e tempo com suas relações. Mas será que não pareceu estranho ouvir Anaximandro dizer que sob os nossos pés talvez houvesse apenas o mesmo céu que vemos sobre a nossa cabeça? Ou Aristarco, quando tentou medir a distância da Lua e do Sol, descobrindo que estão muito longe e, portanto, não são bolinhas, mas são gigantescos, e o Sol é imenso em relação à Terra? Ou Hubble, quando se deu conta de que as nuvenzinhas diáfanas entre as estrelas são imensos mares de estrelas imensamente distantes?...

O mundo que nos rodeia só se tornou ainda mais amplo com o passar dos séculos. Vemos mais longe, o compreendemos melhor e continuamos a nos espantar com sua variedade, sempre maior do que podemos imaginar, e com a limitação das imagens que temos dele. Ao mesmo tempo, a descrição que conseguimos fazer desse mundo se torna menos densa, mais simples.

Somos pequenas toupeiras cegas sob a terra, que sabem pouco ou nada do mundo, mas continuam a aprender...

[...] tudo isso mostra que há algo mais que apenas imaginação, tudo cresce em alguma coisa que tem mais consistência; e contudo, de algum modo, é estranho e maravilhoso [...].[7]

Quarta Parte

Além do espaço
e do tempo

Na parte precedente, ilustrei as bases da gravidade quântica e a imagem do mundo que dela deriva.

Nestes capítulos finais, abordo duas outras possíveis consequências da teoria. O que ela nos diz sobre fenômenos como o big bang e os buracos negros. Discuto também o andamento atual dos possíveis experimentos para testar a teoria e aquilo que a natureza parece nos dizer, em especial com a malograda observação das partículas supersimétricas na energia em que eram esperadas.

Por fim, concluo com algumas reflexões sobre as ideias, por ora muito vagas, em torno daquilo que a meu ver ainda falta na nossa compreensão do mundo: definir o papel da termodinâmica e da informação em uma teoria sem tempo e sem espaço como a gravidade quântica e compreender o surgimento do tempo.

Tudo isso nos leva ao limite do que sabemos, a partir do qual passamos a nos deparar com aquilo que decididamente não sabemos, o belo e imenso mistério que nos cerca.

8. Além do big bang

O mestre

Em 1927, um jovem cientista belga educado por jesuítas, que fizera os votos como padre católico havia alguns anos, estudou as equações de Einstein e percebeu, como o próprio Einstein fizera um pouco antes, a capacidade delas de prever que o Universo está se expandindo ou se contraindo. No entanto, em vez de rejeitar tolamente o resultado, como Einstein fizera, e de tentar obstinadamente fazê-lo desaparecer, o padre belga o levou a sério e pediu que lhe enviassem os primeiros dados disponíveis sobre a observação das galáxias.

Na época não se chamavam "galáxias", e sim "nebulosas", porque ao telescópio tinham a aparência de nuvenzinhas opalescentes entre as estrelas, e ainda não se sabia que eram ilhas de estrelas distantes e imensas como a nossa própria galáxia. Mas o jovem padre belga compreendeu que os dados eram compatíveis com a ideia de que, de fato, o Universo está em expansão: as galáxias próximas se afastam em grande velocidade, como se tivessem sido lançadas no céu. As galáxias mais distantes se afastam em velocidade ainda maior. Todo o Universo está inflando como um balão de festa.

A intuição foi confirmada dois anos depois graças a dois astrônomos americanos, Henrietta Leavitt (figura 8.1) e Edwin Hubble. A primeira descobriu uma técnica para medir a distância das nebulosas que permitiu demonstrar que elas estão efetivamente distantes, fora da nossa galáxia. O segundo, usando essa mesma técnica e o grande telescópio do observatório de monte Palomar, obteve dados precisos que confirmaram o fato de que as galáxias estão se afastando.

Mas foi o jovem belga quem, já em 1927, deduziu sua consequência crucial: se vemos uma pedra voando para o alto, isso significa que antes a pedra estava mais embaixo, e algo a empurrou para cima. Se observamos as galáxias se afastarem e o Universo expandir-se, isso significa que antes as galáxias estavam próximas e o Universo era pequeno, e algo o impeliu a iniciar a sua expansão. O jovem padre belga sugeriu que o Universo era inicialmente muito pequeno e comprimido, e começou a se expandir em uma espécie de gigantesca explosão. Deu a esse estado inicial o nome de "átomo primordial". Hoje é denominado "big bang".

Seu nome é Georges Lemaître (figura 8.2). Em francês, "Lemaître" soa como "o mestre": poucos nomes são tão apropriados. Mas, a despeito disso, Lemaître tinha um caráter esquivo e reservado, evitava as polêmicas e nunca fez nada para que o mérito da descoberta da expansão do Universo não fosse depois atribuído mais a Hubble que a ele. Contudo, seu pensamento se agigantava, e nós vivemos à sombra desse pensamento. Dois episódios de sua vida ilustram sua profunda inteligência. O primeiro diz respeito a Einstein, o segundo, ao papa.

Figura 8.1 *Henrietta Leavitt.*

Figura 8.2 *Georges Lemaître.* © *Archives Georges Lemaître, Louvain.*

Einstein — como relatei — inicialmente estava muito cético sobre a expansão do Universo. Ele cresceu pensando que o Universo era imóvel, e não soube perceber logo que não era. Até as pessoas mais excepcionais se equivocam e se deixam levar por suas ideias preconcebidas. Lemaître encontrou Einstein e tentou dissuadi-lo de seus preconceitos. Einstein inicialmente resistiu. Chegou a lhe dizer: "Cálculos corretos, física abominável". Mais tarde, teve de reconhecer que era Lemaître quem tinha razão. Desmentir Einstein não é para qualquer um.

A história se repetiu: Einstein havia introduzido a "constante cosmológica", pequena mas importante modificação nas suas equações, na esperança (equivocada) de torná-las compatíveis com um Universo estático. Quando precisou admitir que o Universo não é estático, repudiou a constante cosmológica. Lemaître, uma vez mais, tentou levá-lo a mudar de ideia: a constante cosmológica não torna o Universo estático, mas pode muito bem existir do mesmo jeito, e não há motivo para eliminá-la. Também nesse caso, Lemaître tinha razão: a constante cosmológica produz uma aceleração da expansão do Universo, e essa aceleração foi medida recentemente. Mais uma vez, Einstein estava errado, e Lemaître, certo.

Quando começou a difundir-se a ideia de que o Universo surgiu de um big bang, o papa Pio XII declarou em um discurso público (em 22 de novembro de 1951) que a teoria confirmava o relato do livro do Gênese.[1] Lemaître viu com muita preocupação esse posicionamento papal e, entrando em contato com o conselheiro científico do papa, empenhou-se em convencê-lo a esquecer o assunto e a deixar de se referir em público a possíveis relações entre a criação divina e o big bang. Lemaître estava convencido de que era tolice misturar ciência e religião desse modo: a Bíblia não sabe nada de física, e a física não sabe nada de Deus.[2] Pio XII se deixou convencer e nunca mais fez alusão ao assunto em público. Desmentir o papa é para poucos.

E certamente, também nesse caso, era Lemaître quem tinha razão: hoje se fala muito da possibilidade de que o big bang não seja um verdadeiro início, que antes dele pode ter havido outro Universo. Imaginem em que embaraço estaria hoje a Igreja católica se Lemaître não tivesse detido o papa e a doutrina oficial declarasse que o big bang é o momento da criação. Seria preciso corrigir *Fiat lux* para *Refaça-se a luz*!

Desmentir *tanto* Einstein *quanto* o papa, convencê-los de que estavam errados, e ter razão em ambos os casos, é decididamente um feito. "O mestre" merece seu nome.

Hoje as confirmações do fato de que, em um passado distante, o Universo foi extremamente quente e compacto, e a partir de então se expandiu, se acumulam. Temos condições de reconstruir detalhadamente a história do Universo desde um estado inicial quente e comprimido. Sabemos reconstruir como desse estado inicial se formaram os átomos, os elementos, as estrelas, as galáxias e o Universo como o vemos hoje. Em 2013, as observações sobre a radiação que preenche o Universo realizadas pelo satélite Planck mais uma vez confirmaram plenamente a teoria do big bang. Hoje, portanto, conhecemos com razoável certeza aquilo que aconteceu em grande escala no nosso Universo nos últimos 14 bilhões de anos, desde quando era uma bola de fogo quente e densa.

E pensar que, inicialmente, o nome um tanto ridículo "teoria do big bang" foi introduzido por seus adversários para zombar de uma ideia que parecia bizarra... Ao contrário, no fim, todos nos convencemos: há 14 bilhões de anos, o Universo era uma bola de fogo comprimida.

Mas o que aconteceu *antes* desse estado inicial quente e comprimido?

Retrocedendo no tempo, conforme a temperatura aumenta, aumenta a densidade de matéria e energia. Há um ponto em que atingem a escala de Planck, precisamente há 14 bilhões de anos.

Naquele ponto, as equações da relatividade geral deixam de ser válidas, porque já não é possível deixar de lado a mecânica quântica. Entramos no reino da gravidade quântica.

Cosmologia quântica

Para compreender o que aconteceu há 14 bilhões de anos, portanto, necessitamos da gravidade quântica. O que nos dizem os loops a esse respeito? Pensemos em uma situação semelhante, mas muito mais simples. De acordo com a mecânica clássica, um elétron que cai em linha reta em um núcleo seria engolido pelo núcleo e desapareceria. Mas não é o que acontece na realidade. A mecânica clássica é incompleta e é preciso levar em conta os efeitos quânticos. Um elétron real é um objeto quântico e, portanto, não segue uma trajetória exata: não é possível localizá-lo em um ponto único por mais de um instante. Aliás, quanto mais o localizamos com precisão, mais ele escapa. Se quiséssemos detê-lo em torno do núcleo, poderíamos no máximo forçá-lo em um orbital da dimensão dos orbitais atômicos: ele não poderia se aproximar muito do núcleo, a não ser por um breve momento, para depois escapar. Desse modo, a mecânica quântica impede que um elétron real caia dentro de um núcleo. É como se houvesse uma força repelente de natureza quântica que afasta o elétron quando este se aproxima demais do núcleo. Graças à mecânica quântica, a matéria é estável. Se ela não existisse, todos os elétrons cairiam nos núcleos, não haveria átomos e nós não existiríamos.

A mesma coisa acontece com o Universo. Imaginemos um Universo que está se contraindo e ficando muito pequeno, esmagado sob seu próprio peso. De acordo com a teoria clássica, isto é, de acordo com as equações de Einstein, esse Universo se esmagaria ao infinito e desapareceria em um ponto, como o elétron que cai no núcleo. É como o big bang puntiforme previsto pelas equações de Einstein, se prescindimos da mecânica quântica.

Mas, ao levar em conta a mecânica quântica, descobrimos que o Universo não pode se esmagar além de uma quantidade máxima. É como se houvesse uma força quântica repelente que o faz ricochetear. Um Universo em contração não afunda em um ponto, mas ricocheteia e recomeça a se expandir como se emergisse de uma explosão cósmica (figura 8.3).

O passado do nosso Universo poderia muito bem ser o resultado de tal rebote. Um gigantesco rebote ou, como se diz em inglês, um *big bounce*, em vez de um big bang. Esse parece ser o resultado das equações da gravidade quântica em loop quando aplicadas à expansão do Universo.

A imagem do rebote não deve ser tomada ao pé da letra. É mais uma metáfora. Voltando ao elétron, lembramos que, se

Figura 8.3 *O rebote do Universo. Cortesia Francesca Vidotto.*

queremos colocá-lo o mais próximo possível do átomo, ele deixa de ser uma partícula; ao contrário, podemos pensar nele como uma nuvem de probabilidades. A posição precisa do elétron não existe mais. O mesmo vale para o Universo: na passagem crucial através do big bang, já não podemos pensar em espaço e tempo bem definidos, mas apenas em uma nuvem de probabilidades em que espaço e tempo desapareceram completamente. O mundo, no big bang, está diluído em uma nuvem pululante de probabilidades, que as equações ainda conseguem descrever.

O nosso Universo poderia ser o resultado do colapso de outro Universo, que passou por essa fase quântica na qual espaço e tempo estão dissolvidos em probabilidades.

Obviamente, aqui a palavra "Universo" se torna ambígua. Se por "Universo" entendemos "tudo aquilo que existe", então, por definição, não pode existir um segundo Universo. Mas a palavra "Universo" acabou assumindo outro sentido em cosmologia: indica o contínuo espaço-temporal que vemos ao nosso redor, repleto de galáxias e cuja geometria e história podemos estudar. Não há motivo para afirmar com certeza que, *nesse* sentido, o Universo seja o único existente. Em particular, se podemos reconstruir a história para o passado até um lugar e um tempo em que sabemos que, como na imagem inicial de John Wheeler, esse contínuo espaço-temporal se quebra como a espuma do mar, se fragmenta em uma nuvem quântica de probabilidades, pois bem, não há motivo para desconsiderar a ideia de que, além dessa espuma quente, não pode existir outro contínuo espaço--temporal mais ou menos semelhante àquele que vemos ao nosso redor.

A probabilidade que um Universo tem de atravessar a fase do big bang e passar de uma fase de contração para uma de expansão pode ser calculada usando as técnicas descritas no último capítulo: as caixas de espaço-tempo. Soma-se sobre espumas de spins que ligam um Universo que se contrai com um Universo que se expande.[3]

Tudo isso ainda está em fase de exploração, mas o extraordinário nessa história é que hoje temos equações para tentar descrever esses eventos. Estamos começando a lançar um primeiro olhar tímido, por enquanto apenas teórico, além do big bang.

9. Confirmações empíricas?

O interesse da cosmologia quântica vai além do fascínio com a exploração teórica do que poderia existir além do nosso Universo. Há outro motivo para estudar a aplicação da teoria à cosmologia: esta poderia abrir caminho para nos dizer se a teoria está correta ou não.

A ciência funciona porque, depois de hipóteses e conjecturas, de intuições e visões, de equações e cálculos, podemos saber se estávamos certos ou não: a teoria fornece previsões sobre coisas que ainda não observamos e que poderemos verificar se estão corretas ou incorretas. Esta é a grande força da ciência, aquilo que lhe dá credibilidade e nos permite confiar nela com tranquilidade: podemos verificar se uma teoria está certa ou não. E é isso que diferencia a ciência das outras formas de pensamento, nas quais decidir quem está certo e quem está errado costuma ser uma questão bem espinhosa, e eventualmente até desprovida de sentido.

Quando Lemaître defendeu a ideia de que o Universo se expande e Einstein não acreditou nele, um dos dois estava certo, o outro, errado. Todos os resultados obtidos por Einstein, sua fama, sua influência sobre o mundo científico e sua imensa autoridade não faziam diferença. As observações mostraram que ele estava errado, e isso encerrou o assunto. O desconhecido padre belga estava certo. É por esse motivo que o pensamento científico tem a força que tem.

A sociologia da ciência revelou a complexidade do processo de crescimento do conhecimento científico, o qual, como toda atividade humana, está repleto de irracionalidades e se entrecruza com o jogo do poder e com todo tipo de influências sociais e culturais. Contudo, apesar de tudo isso e contra os exageros de alguns pós-modernos, relativistas culturais e assemelhados, tudo isso não diminui de modo algum a eficácia prática e, sobretudo, teórica do pensamento científico, que se baseia no fato de que, afinal, na maioria das vezes é possível estabelecer com total clareza quem tem razão e quem está errado. E até o grande Einstein se vê obrigado a dizer (como de fato disse): "Ah, eu errei!".

Isso não significa que a ciência se restringe à arte de fazer previsões mensuráveis. Alguns filósofos da ciência a reduzem às suas previsões numéricas. A meu ver, não entenderam nada da ciência porque confundem os instrumentos com o objetivo. As previsões quantitativas verificáveis são um instrumento para avaliar as hipóteses. O objetivo da investigação científica não é fazer previsões: é compreender como o mundo funciona. Construir e desenvolver uma imagem do mundo, uma estrutura conceitual para pensá-lo. Antes de ser técnica, a ciência é visionária.

As previsões verificáveis são o instrumento que nos permite dizer quando nossa compreensão está equivocada. Uma teoria sem confirmações baseadas na observação é uma teoria que ainda não passou por testes. Os testes não terminam nunca, e uma teoria jamais é inteiramente confirmada por um experimento, por dois ou por três. A teoria se torna cada vez mais confiável à medida que suas previsões se mostram corretas. Teorias como a relatividade geral e a mecânica quântica, que inicialmente deixavam muitos perplexos, adquiriram credibilidade à medida que todas as suas previsões, até mesmo as mais inesperadas e aparentemente extravagantes, iam sendo confirmadas por experimentos e observações.

A importância dos testes experimentais não significa nem mesmo que não se possa avançar sem novos dados experimentais. Muitas vezes ouvimos dizer que a ciência só avança com tais dados. Se isso fosse verdade, teríamos poucas esperanças de encontrar a teoria da gravidade quântica antes de ter avaliado algo novo; mas não é assim. De quais dados novos dispunha Copérnico? De nenhum. Ele tinha os mesmos de Ptolomeu. Quais dados novos tinha Newton? Quase nenhum. Seus ingredientes verdadeiros são as leis de Kepler e os resultados de Galileu. Quais dados tinha Einstein para encontrar a relatividade geral? Nenhum. Seus ingredientes são a relatividade restrita e a teoria de Newton. Não é verdade que a física só pode avançar quando dispõe de novos dados.

O que Copérnico, Newton, Einstein e muitos outros fizeram foi construir sobre teorias já existentes, que sintetizavam o conhecimento empírico em amplos campos da natureza, e encontrar um jeito de combiná-las e repensá-las da melhor maneira.

Essa é a base em que se move a melhor pesquisa em gravidade quântica. Por fim, a origem do saber, como sempre acontece na ciência, não deixa de ser empírica. Mas os dados sobre os quais se constrói a gravidade quântica não são experimentos novos: são as construções teóricas que já estruturaram o nosso saber sobre o mundo em formas parcialmente coerentes. Os "dados experimentais" para a gravidade quântica são a relatividade geral e a mecânica quântica. Construindo sobre elas, procurando compreender como pode ser feito um mundo coerente em que existam os quanta e o espaço seja curvo, tentamos olhar para o desconhecido.

O imenso sucesso dos gigantes que nos precederam em tais operações, como Newton, Einstein e Dirac, nos encoraja. Não pretendemos ter a estatura deles. Mas temos a vantagem de estar sentados nos ombros deles e, desse modo, podemos tentar olhar mais longe. De uma maneira ou de outra, não podemos deixar de tentar.

É preciso diferenciar os indícios das provas. São os indícios que levam Sherlock Holmes a seguir a pista certa e lhe permitem resolver um caso misterioso. As provas são aquelas de que o juiz necessita para prender o culpado. Os indícios nos colocam no caminho da teoria correta. As provas posteriormente nos confirmam, ou não, que a teoria encontrada é de fato boa. Sem indícios, procuramos nas direções erradas. Sem provas, ficamos na dúvida.

O mesmo vale para a gravidade quântica. A teoria está na sua infância. Seu aparato teórico está se consolidando e as ideias básicas estão ficando mais claras, os indícios são bons e sólidos, mas ainda faltam as previsões confirmadas. A teoria ainda não passou pelas provas.

Sinais da natureza

A meu ver, contudo, os sinais que temos recebido da natureza são favoráveis.

A alternativa mais estudada à pesquisa relatada neste livro é a teoria das cordas. A maioria dos físicos que trabalhavam na teoria das cordas, ou em teorias ligadas às cordas, esperava que, assim que o novo grande acelerador de partículas do CERN de Genebra, chamado Grande Colisor de Hádrons (em inglês Large Hadron Collider, LHC), passasse a funcionar, logo se veriam partículas de uma nova espécie previstas pela teoria das cordas e jamais observadas até agora: as partículas supersimétricas. A teoria das cordas necessita dessas partículas para ser consistente: por isso, os "cordistas" tinham a esperança de encontrá-las. A teoria da gravidade quântica em loop, em contrapartida, é bem definida mesmo sem partículas supersimétricas. Assim, os "loopistas" achavam que tais partículas podiam não existir.

Para grande desilusão de muitos, as partículas supersimétricas não foram encontradas. O enorme estardalhaço que se seguiu à revelação da partícula de Higgs em 2013 serviu também para disfarçar essa desilusão. As partículas supersimétricas não estão lá, na energia em que muitos "cordistas" esperavam encontrá-las. Certamente, essa não é uma prova definitiva de nada, estamos longe disso; mas parece-me que a natureza, entre as duas alternativas, deu um pequeno indício favorável aos "loopistas".

Os importantes resultados experimentais de 2013, no que diz respeito à física fundamental, são dois. O primeiro é a revelação do bóson de Higgs no CERN de Genebra, do qual todos os jornais do mundo falaram muito (figura 9.1). O segundo são as medidas do satélite Planck (figura 9.2), cujos dados foram divulgados em 2013. Estes são os dois sinais que a natureza nos deu recentemente.

Figura 9.1 *Um evento no CERN que mostra a formação de uma partícula de Higgs.*

Há algo em comum entre eles: a total ausência de surpresas. A descoberta do bóson de Higgs é uma sólida confirmação do modelo-padrão das partículas elementares, baseado na mecânica quântica. É a verificação de uma previsão feita trinta anos antes. As medidas do Planck são uma sólida confirmação do modelo--padrão cosmológico, baseado na relatividade geral com a cons-

Figura 9.2 *O satélite Planck.*

tante cosmológica. Os dois resultados, obtidos com consideráveis esforços tecnológicos por grandes colaborações de cientistas e a custos notáveis, não fazem senão fortalecer a imagem que tínhamos da evolução do Universo. Nenhuma verdadeira surpresa. Mas essa ausência de surpresas foi surpreendente, porque muitos as aguardavam. O esperado no CERN era a supersimetria, e não o bóson de Higgs. E muitos acreditavam que o Planck mediria discrepâncias em relação ao modelo-padrão cosmológico, que corroboraria com uma ou outra teoria cosmológica alternativa, esta ou aquela alternativa à relatividade geral.

Mas não foi o que ocorreu. O que a natureza está nos dizendo é simples: relatividade geral, mecânica quântica e, no âmbito da mecânica quântica, modelo-padrão.

Hoje muitos físicos teóricos buscam novas teorias lançando mão de hipóteses arriscadas e arbitrárias. "Imaginemos que..." Não acho que essa maneira de fazer ciência tenha alguma vez trazido bons resultados. Nossa imaginação é limitada demais para "imaginar" como o mundo pode ser feito sem nos servir das pistas que temos. As pistas que temos, nossos indícios, são as teorias que tiveram sucesso e os dados experimentais, nada mais. É nesses dados e nessas teorias que devemos procurar descobrir aquilo que ainda não conseguimos imaginar. Foi o que fizeram Copérnico, Newton, Maxwell e Einstein. Nunca "tentaram imaginar" uma teoria nova como fazem hoje, a meu ver, muitos físicos teóricos.

É como se os dois resultados experimentais de 2013 falassem com a voz da natureza: "Deixem de sonhar com novos campos e partículas estranhas, com dimensões suplementares, outras simetrias, universos paralelos, cordas e coisas semelhantes. Os dados do problema são simples: relatividade geral, mecânica quântica e modelo-padrão. Trata-se 'apenas' de combiná-los do jeito certo, e vocês darão o próximo passo à frente". Essa é uma indicação que nos conforta na direção da gravidade quântica em loop, porque são estas as hipóteses da teoria: relatividade geral, mecânica quântica e compatibilidade com o modelo-padrão, nada mais. As consequências conceituais radicais, os quanta de espaço e o desaparecimento do tempo não são hipóteses ousadas, são consequências da escolha de levar a sério duas teorias e de deduzir suas consequências.

Mais uma vez, porém, essas não são provas definitivas. Partículas supersimétricas, por exemplo, poderiam existir em uma escala ainda não alcançada, e no fundo poderiam existir mesmo que a teoria dos loops seja a correta. Portanto, mesmo que os cordistas estejam um tanto desanimados desde que a supersimetria deixou de se manifestar lá onde era esperada, ao passo que os loopistas se mostram mais sorridentes, ainda estamos na fase de indícios, e não de provas.

Para buscar confirmações mais sólidas para a teoria é preciso investigar mais além, e o Universo primordial poderia abrir a janela na qual, em um futuro não muito distante (esperamos), as previsões da teoria poderiam ser confirmadas. Ou então refutadas.

Uma janela para a gravidade quântica

Em posse das equações que descrevem a passagem do Universo da fase quântica inicial, podemos calcular os efeitos dos fenômenos quânticos primordiais sobre o Universo observável de hoje. Atualmente o Universo conserva muitos traços dos eventos iniciais. Todo o Universo está preenchido pela radiação cósmica de fundo: um mar de fótons que permaneceu para preencher o cosmos, o brilho remanescente da grande temperatura inicial.

Figura 9.3 *As flutuações da radiação cósmica de fundo. Esta é a imagem do objeto mais antigo no Universo de que dispomos. Estas flutuações foram produzidas há 14 bilhões de anos. Na estatística de tais flutuações esperamos encontrar confirmações das previsões da gravidade quântica.*

Em outros termos, o campo eletromagnético no espaço imenso entre as galáxias não é nulo, mas tremula como a superfície do mar depois de uma tempestade. Esse tremular difuso por todo o Universo é a *radiação cósmica de fundo*. Essa radiação foi estudada durante os últimos anos por satélites como o COBE (lançado em 1989), o WMAP (2001) e, recentemente, o Planck. Uma imagem das flutuações diminutas dessa radiação é apresentada na figura 9.3. Os detalhes da estrutura dessa radiação nos contam a história do Universo e, escondidos entre as dobras desses detalhes, poderia haver vestígios também do início quântico do Universo.

Um dos setores mais ativos da pesquisa na gravidade quântica em loop está estudando como a dinâmica quântica do Universo primordial se reflete nesses dados. Os resultados são preliminares, mas encorajadores. Não é definitivo, porém com mais cálculos e medidas mais precisas poderíamos chegar a um verdadeiro teste da teoria.

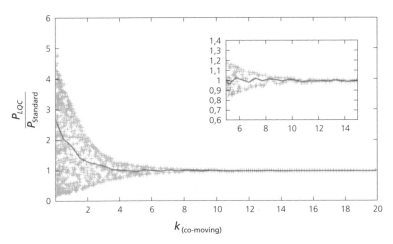

Figura 9.4 *Possível previsão sobre o espectro da radiação de fundo, da gravidade quântica em loop (linha contínua), comparada com o erro experimental atual (pontos). Cortesia A. Ashtekar, I. Agullo e W. Nelson.*

Em 2013, Abhay Ashtekar, Ivan Agullo e William Nelson publicaram um artigo em que calculam que, sob certas hipóteses, a distribuição estatística das flutuações desse fundo de radiações cósmicas deveria refletir o rebote inicial do Universo: as flutuações em grandes ângulos deveriam ser maiores que as previstas pela teoria, que não leva em conta os quanta. O estado atual da medição é descrito na figura 9.4, em que a linha preta é a previsão de Ashtekar, Agullo e Nelson e os pontos cinza são os dados experimentais. Como podemos ver, por enquanto estes não são suficientes para avaliar se a curva para cima da linha preta, prevista pelos três autores, é verdadeira ou não. As medições estão se aproximando da possibilidade de testar a teoria, mas ainda não chegaram lá. Por outro lado, temos certeza de que as hipóteses particulares nos cálculos desses três autores estão corretas. Portanto, a situação ainda é instável. Mas quem, como eu, passou a vida tentando compreender os segredos do espaço quântico, acompanha com atenção, inquietação e esperança o aprimoramento contínuo das nossas capacidades de observação, medida e cálculo, e aguarda o momento em que a natureza nos dirá se tínhamos razão ou não.

O campo gravitacional também deve trazer vestígios do grande calor inicial. O campo gravitacional, ou seja, o próprio espaço, deve tremular como a superfície do mar. Isto é, deve existir também uma radiação de fundo *gravitacional*, mais antiga que a eletromagnética, porque as ondas gravitacionais são menos perturbadas pela matéria que as eletromagnéticas, e portanto puderam viajar sem ser incomodadas mesmo quando o Universo estava denso demais para permitir a passagem das ondas eletromagnéticas.

As ondas gravitacionais estão previstas pelas equações de Einstein; vemos claramente seus efeitos sobre os sistemas de estrelas e estamos convencidos de que existem. Vários detectores no mundo têm sido aprimorados para observá-las. Um dos maiores está na Itália, próximo a Pisa, e se chama VIRGO. É formado por dois braços com cerca de dois quilômetros de comprimento, dispostos em ângulo reto, em que feixes laser medem a distância entre três pontos fixos. Quando passa uma onda gravitacional, o espaço se alonga e se contrai imperceptivelmente, e os lasers deveriam revelar essa variação muito pequena nas distâncias.[1]

Um experimento muito mais ambicioso, chamado LISA (eLI-SA, na sua última versão, totalmente europeia), está em fase de avaliação e consiste em fazer a mesma coisa em escala muito maior: colocar em órbita três satélites, não em torno da Terra, e sim em torno do Sol, como se fossem pequenos planetas, de modo a acompanhar a Terra em sua órbita a alguma distância.

Os três satélites serão ligados por três raios laser que medirão a distância um do outro, ou melhor, as variações nas distâncias quando uma onda gravitacional passar. Se eLISA for lançada, deverá ver as ondas gravitacionais com razoável certeza, e talvez abrir caminho para a observação do fundo difuso dessas ondas, gerado em um tempo muito próximo do big bang.

Nos sutis encrespamentos do espaço em torno da Terra deveremos conseguir encontrar pistas de eventos ocorridos há 14 bilhões de anos, na origem do nosso Universo, e buscar ali as confirmações das nossas deduções sobre a natureza do espaço e do tempo.

10. O calor dos buracos negros

Os buracos negros são objetos que povoam o nosso Universo. São regiões em que o espaço está tão fortemente curvado que afunda sobre si mesmo e em que o tempo desacelera até parar. Formam-se, por exemplo, quando uma estrela queimou todo o hidrogênio de que é constituída e desmorona sob o próprio peso.

Muitas vezes a estrela colapsada fazia parte de uma dupla de estrelas próximas, e a partir de então o buraco negro e a companheira sobrevivente giram ao redor um do outro, e o buraco negro suga continuamente a matéria da estrela (como na figura 10.1).

Os astrônomos encontraram muitos buracos negros de tamanho (massa) semelhante ao nosso Sol. Mas também há buracos negros gigantescos. No centro de quase todas as galáxias encontra-se um deles, incluindo a nossa.

O buraco negro no centro da nossa galáxia é hoje estudado em detalhes. Sua massa tem 1 milhão de vezes a do nosso Sol. Há estrelas que orbitam ao redor dele, como os planetas orbitam em torno do nosso Sol. De vez em quando, uma estrela se apro-

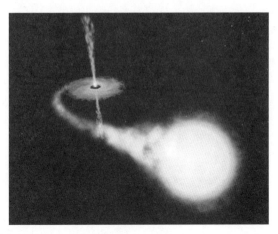

Figura 10.1 *Representação de um par estrela-buraco negro. A estrela perde matéria, que em parte é absorvida pelo buraco negro e em parte é liberada por este em jatos nas direções de seus polos.*

xima demais desse monstruoso gigante, é desagregada pela sua força gravitacional e tragada pelo ciclópico buraco negro como um peixinho engolido por um tubarão. Imaginem um monstro com o tamanho de 1 milhão de sóis que, em um segundo, engula o nosso Sol e seus planetinhas...

Um belíssimo projeto em andamento, que se espera dê resultados no decorrer de poucos anos, é a construção de uma rede de antenas de rádio espalhadas pela Terra de um polo a outro, com a qual os astrônomos acreditam poder resolver ângulos muito pequenos, levando-nos literalmente a "ver" o nosso buraco negro galáctico. O que se deveria ver é precisamente um pequeno disco preto cercado por uma luz produzida pela radiação da matéria que está caindo no interior do assustador buraco.

Aquilo que entra no buraco negro não sai mais. Nem sequer a luz sai dali. A superfície de um buraco negro é como um presente encerrado em uma esfera: além da esfera há um futuro, e do futuro não se volta atrás.

Não é difícil entender o que é um buraco negro. Basta lembrar que existe uma velocidade máxima, a da luz, que nenhum objeto consegue superar. Imagine que uma bola é lançada para o alto. A bola voltará a cair. Mas se for lançada com muita velocidade ela conseguirá escapar da atração da Terra e ir embora. A velocidade mínima para escapar é chamada "velocidade de escape". A velocidade de escape na Terra é de aproximadamente onze quilômetros por segundo. Alta, porém muito menor que a velocidade da luz. Quanto mais um planeta, ou uma estrela, é massudo e comprimido, maior é a velocidade de escape. Uma estrela pode ser tão massuda e tão comprimida que a velocidade de escape se torna maior que a da luz. Nem mesmo a luz teria velocidade suficiente para escapar da sua atração gravitacional. Um raio de luz que parte para o alto acaba voltando a cair depois de atingir uma altitude máxima. E como a velocidade da luz é uma velocidade máxima, e nada pode superar a luz, a consequência é que *qualquer* objeto volta a cair, e nada pode escapar: nada pode sair dessa altitude máxima. Isto é um buraco negro: visto de fora, é como uma esfera na qual só se pode entrar, mas da qual não se pode sair.

Um foguete poderia manter-se a uma pequena distância fixa dessa esfera máxima, chamada *horizonte* do buraco negro. Mas, para isso, teria de manter os motores em alta rotação, a fim de poder resistir à força de atração gravitacional do buraco. Devido à forte gravidade, o tempo se desaceleraria muito para alguém no interior do foguete. Depois de uma hora próximo do horizonte, o foguete poderia se afastar e aquela pessoa descobriria que, do lado fora, séculos teriam se passado naquela hora. Quanto mais próximo do horizonte, mais o tempo desacelera para o foguete e mais o tempo externo corre rápido para ele. (Viajar para o passado é difícil, mas viajar para o futuro, em princípio, é fácil: basta se aproximar com uma espaçonave de um buraco negro, ficar nas proximidades dele por algum tempo e depois se afastar de novo. Milênios podem ter se passado do lado de fora.) No próprio horizonte, o tempo se detém: se nos aproximássemos dele e nos afastássemos depois de poucos (de nossos) minutos, no restante do Universo poderiam ter se passado milhões de anos.

O mais surpreendente é que as propriedades desses estranhos objetos, hoje comumente observados, foram *previstas* pela teoria de Einstein antes de ser efetivamente verificadas. Hoje os astrônomos estudam esses objetos no céu, mas há poucos anos os buracos negros eram uma estranha consequência da teoria, para a qual não muitos davam crédito. Lembro-me do meu professor na universidade, que os introduzira como soluções possíveis das equações de Einstein, mas cuja existência era improvável. Ao contrário, a extraordinária capacidade de a física teórica descobrir coisas antes mesmo de vê-las mais uma vez se confirmou à medida que a evidência da realidade desses objetos no céu começou a se tornar cada vez mais inquestionável.

Os buracos negros que observamos são bem descritos pela teoria de Einstein e, em geral, a mecânica quântica não é útil para compreendê-los. Mas há dois aspectos misteriosos de suas propriedades que, ao contrário, exigem que se leve em conta a mecânica quântica, e a teoria dos loops tem uma solução para ambos.

Uma vez colapsada sob o seu próprio peso, uma estrela desaparece aos olhos externos porque está no interior de seu buraco negro. Mas o que acontece dentro de um buraco negro? O que veríamos se nos deixássemos cair no buraco negro? No começo, nada de especial: atravessaríamos a superfície do buraco negro sem grandes danos, sobretudo se ele fosse bem grande, mas logo em seguida afundaríamos para o centro, caindo cada vez mais rapidamente. E o que aconteceria a essa altura? A relatividade geral prevê que tudo se esmague no centro até se tornar um único ponto infinitamente pequeno, até chegar, como no big bang, a uma concentração infinita. Isso, ao menos, se deixarmos de lado a gravidade quântica.

Se levarmos em conta a gravidade quântica, porém, essa previsão deixa de ser correta, porque ignora a própria força repulsora que faz o Universo ricochetear até o big bang. O que devemos esperar é que, ao nos aproximar do centro, a matéria que cai seja reduzida por essa força e atinja uma densidade elevada, porém não infinita. Ela se concentra, mas não até se esmagar em um ponto infinitamente pequeno. Porque existe um limite para a pequenez. Essa é a primeira aplicação dos loops à física dos buracos negros (figura 10.2).

A segunda aplicação diz respeito a um fato curioso ligado aos buracos negros. Quem o descobriu foi Stephen Hawking, o físico inglês que logo se tornou célebre por conseguir dar continuidade ao seu trabalho mesmo preso a uma cadeira de rodas em virtude de uma grave doença e obrigado a se comunicar apenas por meio de um computador. No começo dos anos 1970, Hawking descobriu (por via teórica) que os buracos negros são "quentes". Ou seja, eles se comportam como os corpos quentes: a determinada temperatura, emitem calor. À medida que emitem calor, perdem energia e, portanto, perdem massa (energia e massa são a mesma coisa), aos poucos tornando-se menores. Diz-se que os buracos negros "evaporam". Essa "evaporação dos buracos negros" é a mais importante descoberta de Hawking.

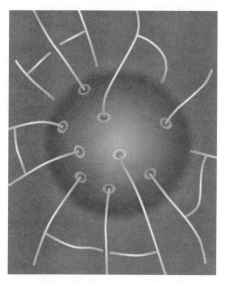

Figura 10.2 *A superfície de um buraco negro é atravessada pelos loops, ou seja, pelos links isolados da rede de spins que determina o estado do campo gravitacional. Cada loop que entra determina a existência de um quantum individual de área sobre a superfície do buraco negro.* © John Baez.

Isso nos permite responder à pergunta sobre o que acontece, afinal, com a matéria que caiu no buraco e ficou presa ali: como os buracos negros evaporam, eles ficam menores e, cedo ou tarde, se tornam tão pequenos a ponto de deixar sair tudo o que entrou ali. (Esse me parece o cenário mais plausível, embora a discussão sobre o tema ainda esteja muito acirrada no mundo científico.)

Por quanto tempo a matéria fica presa em um buraco negro? A pergunta é enganosa, porque o tempo que passa para pessoas diferentes pode muito bem ser diferente. Para um observador externo, um pedaço de matéria que cai em um buraco negro permanecerá preso ali por um tempo muito longo. Para ser libertado, o pedaço de matéria precisará esperar a evaporação do buraco negro, e este é um fenômeno extremamente lento. Considerando um buraco negro de massa igual à de uma estrela — como existem muitos na galáxia —, éons se passarão antes da evaporação completa, e nesse meio-tempo todas as estrelas do céu estarão extintas.

No entanto — lembra-se? —, quanto mais próximo de uma massa, mais o tempo desacelera. Para a matéria que cai no buraco negro, esse tempo é extremamente desacelerado. Se lançarmos um relógio (muito resistente!) dentro de um buraco negro, ele sairá dali depois de um tempo muito longo, mas só terá medido um tempo muito curto. Se entrarmos em um buraco negro, sairemos, portanto, em um futuro distante. No fundo, um buraco negro é isto: um atalho para o futuro distante.

Em geral, os objetos são quentes porque seus constituintes microscópicos se movem. Um pedaço de ferro quente, por exemplo, é um pedaço de ferro cujos átomos vibram muito rapidamente em torno de suas posições de equilíbrio. O ar quente é ar cujas moléculas se agitam muito mais depressa que as do ar frio.

Se um buraco negro é quente, quais são os seus "átomos" elementares que vibram? Este é o problema que Stephen Hawking deixou aberto. A teoria dos loops oferece uma resposta para essa pergunta. Os "átomos" elementares do buraco negro que vibram, responsáveis por sua temperatura, são os quanta isolados de espaço que estão em sua superfície.

Usando a teoria dos loops foi possível compreender o estranho calor dos buracos negros previsto por Hawking: ele é o resultado das "vibrações" microscópicas de cada loop, de cada átomo de espaço. Estes vibram porque no mundo da mecânica

224

quântica tudo vibra, nada fica parado. A impossibilidade de uma coisa ficar exatamente parada, sempre em um lugar preciso, é o fundamento da mecânica quântica. O calor dos buracos negros pode ser diretamente ligado às flutuações dos átomos de espaço da gravidade quântica em loop.

A posição precisa do horizonte do buraco negro é determinada apenas abaixo dessas flutuações microscópicas do campo gravitacional. Portanto, em certo sentido, o horizonte flutua como um corpo quente.

Há uma forma mais sutil de compreender a origem do calor dos buracos negros. As flutuações quânticas implicam uma correlação entre o interior e o exterior do buraco negro. (Falarei mais sobre correlações e temperatura no capítulo 12.) A incerteza que é característica da mecânica quântica existe também "no limite" do horizonte do buraco negro. Como aquilo que está além do horizonte desaparece da nossa vista, essa incerteza se torna mais uma razão de flutuação de qualquer coisa que esteja próxima da superfície do buraco negro. Mas dizer "flutuações" significa dizer probabilidades, e portanto estatística, e portanto termodinâmica, e portanto temperatura.

Escondendo-nos uma parte do Universo, um buraco negro faz as flutuações quânticas aparecerem como calor.

Foi um jovem cientista italiano de Faicchio, na região samnita, quem completou um elegantíssimo cálculo que mostra como, a partir dessas ideias e das equações básicas da gravidade quântica em loop, é possível obter a fórmula para o calor dos buracos negros prevista por Hawking. Seu nome é Eugenio Bianchi e hoje ele é professor de física nos Estados Unidos (figura 10.3).

Figura 10.3 *Stephen Hawking e Eugenio Bianchi. No quadro-negro estão as principais equações da gravidade quântica em loop que descrevem os buracos negros. Cortesia Eugenio Bianchi.*

11. O fim do infinito

A infinita compressão do Universo em um único ponto infinitamente pequeno, prevista no big bang pela relatividade geral, desaparece quando se considera a gravidade quântica. No fundo, é fácil compreender o motivo: a gravidade quântica é precisamente a descoberta de que não existem pontos infinitamente pequenos. Há um limite inferior para a divisibilidade do espaço. O Universo não pode ser menor que a escala de Planck, porque não existe nada menor que a escala de Planck.

Se ignoramos a mecânica quântica, estamos ignorando a existência desse limite inferior. As situações patológicas previstas pela relatividade geral, em que a teoria prevê algumas quantidades infinitas, são denominadas "singularidades". A gravidade quântica estabelece um limite para o infinito e "cura" as singularidades da relatividade geral.

Como vimos no capítulo anterior, a mesma coisa acontece no centro de um buraco negro: a "singularidade" prevista pela relatividade geral clássica desaparece ao se levar em conta a gravidade quântica.

Há outro caso, de natureza diferente, em que a gravidade

quântica define um limite para o infinito; diz respeito a forças como o eletromagnetismo. A teoria quântica dos campos, cuja construção foi iniciada por Dirac e concluída por Feynman e colegas nos anos 1950, descreve bem essas forças, mas é repleta de absurdos matemáticos. Quando é usada para calcular processos físicos, em geral se obtêm resultados infinitos, que não significam nada. São chamados "divergências". Esses infinitos são posteriormente eliminados do resultado dos cálculos com um procedimento técnico que leva a resultados finais finitos. Concretamente, funciona. E os números, enfim, são corretos, ou seja, reproduzem as medidas experimentais. Mas por que a teoria deveria fazer essa absurda passagem através do infinito para produzir números razoáveis?

Nos últimos anos de sua vida, Dirac estava insatisfeito por causa desses infinitos na teoria e tinha a sensação de que, afinal, seu objetivo de compreender realmente como as coisas funcionavam fracassara. Dirac gostava muito da clareza conceitual, ainda que aquilo que fosse claro para ele muitas vezes não o fosse para os outros. Mas infinitos não são elementos de clareza.

No entanto, os infinitos da teoria quântica dos campos são todos decorrentes de uma suposição que está na base daquela teoria: a infinita divisibilidade do espaço. Por exemplo, para calcular as probabilidades de um processo, pode-se somar — como nos ensinou Feynman — todos os modos em que ele pode ocorrer. Entretanto, esses modos são infinitos, porque podem acontecer em um ponto qualquer dos infinitos pontos de um espaço contínuo. Em consequência, não raro o resultado do cálculo é infinito.

Quando se leva em conta a gravidade quântica, até mesmo esses infinitos desaparecem. O motivo é claro: o espaço não é infinitamente divisível, não existem infinitos pontos, não existem infinitas coisas para se somar. A estrutura granular e discreta do espaço resolve as dificuldades da teoria quântica dos campos eliminando os infinitos que a afligem. Tudo isso é esplêndido: por um lado, considerar a mecânica quântica resolve os problemas gerados pelos infinitos da teoria da gravidade de Einstein, ou seja, as singularidades. Por outro, considerar a gravidade resolve os problemas gerados pela teoria quântica dos campos, ou seja, as divergências. Longe de ser contraditórias, como pareciam à primeira vista, uma teoria é a solução para os problemas da outra! Isso aumenta muito a sua credibilidade.

Estabelecer um limite para o infinito é um tema recorrente na física moderna. A relatividade restrita pode ser resumida na descoberta de que existe uma velocidade máxima para todos os sistemas físicos. A mecânica quântica pode ser resumida na descoberta de que existe uma informação mínima em todo sistema físico. O comprimento mínimo é o comprimento de Planck L_P, a velocidade máxima é a velocidade da luz c, e a informação unitária é determinada pela constante de Planck $\hbar$. Tudo está resumido na tabela 11.1.

Tabela 11.1 *Limitações fundamentais descobertas por teorias físicas básicas.*

Quantidade física	Constante fundamental	Teoria	Descoberta
Velocidade	c	Relatividade restrita	Existe uma velocidade máxima
Informação (ação)	$\hbar$	Mecânica quântica	Existe uma informação mínima
Comprimento	L_P	Gravidade quântica	Existe um comprimento mínimo

A existência desses valores mínimos e máximos para comprimento, velocidade e ação determina um sistema de unidades de medidas naturais. Em vez de medir a velocidade em quilômetros por hora, ou então em metros por segundo, podemos medi-la em frações da velocidade da luz. Ou seja, podemos estabelecer por definição o valor 1 para a velocidade c, e afirmar, por exemplo, que $v = \frac{1}{2}$ para dizer que um corpo se move a uma velocidade que é a metade da velocidade da luz. Do mesmo modo, podemos pôr $L_p = 1$ por definição e medir comprimentos em múltiplos do comprimento de Planck. E, por fim, podemos pôr $\hbar = 1$ e medir as ações em múltiplos da constante de Planck. Ao fazer isso, temos um sistema natural de unidades fundamentais do qual se seguem outras unidades. Por exemplo, a unidade de tempo será o tempo que a luz emprega para cobrir um comprimento de Planck e assim por diante. Essas "unidades naturais" são usadas comumente na pesquisa em gravidade quântica.

Mas há uma consequência bem mais profunda decorrente de tais descobertas. A identificação dessas três constantes fundamentais estabelece um limite para aquilo que nos parecia ser os possíveis infinitos na natureza. Mostra-nos que, com muita frequência, o que parece infinito é apenas algo que ainda não compreendemos ou contamos. Acho que isso é verdade em termos gerais. "Infinito", no fundo, é apenas o nome que damos para aquilo que ainda não conhecemos. Quando estudamos a natureza, ela parece nos dizer que, no final, não existe nada realmente infinito.

Há outro infinito que, desde sempre, confunde os nossos pensamentos: a infinita extensão espacial do cosmos. Porém Einstein encontrou um modo de pensar um cosmos sem bordas, mas finito, como contei no capítulo 3. As medidas atuais dão uma escala da dimensão do cosmos visível, que é de aproximadamente 14 bilhões de anos-luz. Esse é o comprimento máximo no Universo a que temos acesso. É maior que o comprimento de Planck cerca de 10^{60} vezes, ou seja, um número de vezes que é dado por um 1 seguido de 60 zeros. Entre a escala de Planck e a escala cosmológica há, portanto, a imensa distância de 60 ordens de grandeza. Muitíssimo. Mas finito.

Nesse espaço, entre o tamanho dos minúsculos quanta de espaço, crescendo para os quarks, os prótons, os átomos, as estruturas químicas, as montanhas, as estrelas, as galáxias, cada uma das quais formada por 100 bilhões de estrelas como o Sol, os aglomerados de galáxias, até o extraordinário Universo visível de 100 bilhões de galáxias, desenvolve-se a fulgurante complexidade do nosso Universo, do qual só conhecemos alguns aspectos. Imenso. Mas finito.

A escala cosmológica se reflete no valor da constante cosmológica Λ, que entra nas equações da teoria. Portanto, a teoria fundamental contém um número grande: a relação entre a escala cosmológica e a escala de Planck. De algum modo, esse número abre o espaço para toda a complexidade do mundo. Mas o que vemos e, por enquanto, entendemos do Universo não é um submergir no infinito. É um imenso mar, mas finito.

Um dos livros mais antigos da Bíblia, o do Eclesiástico, se inicia com palavras fortes:

> Os grãos de areia nas margens dos mares, as gotas da chuva, os dias de toda a história, quem jamais poderá contá-los? A altura do céu, a extensão da Terra, a profundidade dos abismos, quem jamais poderá explorá-las? [...] Só um possui a sabedoria: o Senhor.

... Ninguém pode contar os grãos de areia nas margens dos mares.

Mas, não muito tempo depois da composição desse texto, outro grande texto era escrito, com um incipit que ainda repercute: "Alguns pensam, ó rei Gelão, que não se podem contar os grãos de areia".

Essa é a abertura do *Contador de areia* de Arquimedes, no qual o maior cientista da Antiguidade... conta grãos de areia.

Ele faz isso para mostrar que o número de grãos é finito e pode ser determinado. O sistema de numeração antigo não permitia tratar números grandes. No *Contador de areia*, Arquimedes desenvolve um novo sistema de numeração, parecido com os nossos exponenciais, que permite tratar números muito grandes e demonstra seu poder contando, com um sorriso nos lábios, quantos grãos de areia existem não apenas nas margens dos mares, mas em todo o Universo.

Acho que a brincadeira do *Contador de areia* é leve, mas profunda. Com um voo de asas iluminista (*ante litteram*), Arquimedes se rebela contra toda forma de saber que deseja que existam mistérios intrinsecamente inacessíveis ao pensamento do homem. Arquimedes não afirma conhecer com exatidão as dimensões do Universo ou o número preciso dos grãos de areia. O que ele defende não é a completude do próprio saber. Ao contrário, está explícito o valor aproximativo e provisório de suas estimativas. Fala, por exemplo, de diversas alternativas em relação às dimensões do Universo, sobre as quais não tem uma opinião definida. O ponto não é uma pretensão de completude do seu saber. É o contrário: a consciência de que a ignorância de ontem pode ser iluminada hoje e a de hoje poderá ser iluminada amanhã.

O ponto central é a rebelião contra a renúncia a querer conhecer. Uma declaração de fé na cognoscibilidade do mundo e uma altiva réplica a quem se contenta com a própria ignorância, chama de infinito aquilo que não compreende e delega a outro a sabedoria.

Séculos se passaram, e o texto do Eclesiástico está hoje, com o restante da Bíblia, em inúmeras casas do planeta, enquanto o texto de Arquimedes é lido apenas por muito poucos. Arquimedes foi massacrado em circunstâncias jamais esclarecidas pelos romanos, durante o saque de Siracusa, último orgulhoso reduto da Magna Grécia a cair sob o jugo romano, durante a expansão daquele futuro Império que logo assumiria o Eclesiástico entre os textos fundadores da própria religião de Estado. Posição na qual permaneceria por mais de um milênio. Durante aquele milênio, os cálculos de Arquimedes permaneceram incompreensíveis para todos.

Perto de Siracusa fica um dos lugares mais bonitos da Itália, o teatro de Taormina, que, do alto, assoma ao Mediterrâneo e ao Etna. Na época de Arquimedes, era usado para as apresentações de Sófocles e Eurípides. Os romanos o adaptaram para os combates de gladiadores e se divertiram vendo-os morrer.

A refinada brincadeira do *Contador de areia* talvez não seja apenas a divulgação de uma audaciosa construção matemática ou um virtuosismo de uma das mais extraordinárias inteligências da Antiguidade. É também um grito de orgulho da razão, que conhece a própria ignorância, mas nem por isso está disposta a delegar a outros a fonte do saber. É um pequeno, reservado e inteligentíssimo manifesto contra o infinito e contra o obscurantismo.

A gravidade quântica é uma das tantas sequências do *Contador de areia*. Estamos contando os grãos de espaço que constituem o cosmos. Um cosmos incomensurável, mas finito.

A única coisa realmente infinita é a nossa ignorância.

12. Informação

Estamos nos aproximando do final desta viagem. Nos últimos capítulos falei de aplicações concretas da gravidade quântica: a descrição daquilo que aconteceu no Universo nas proximidades do big bang, a descrição das propriedades térmicas dos buracos negros e a supressão dos infinitos.

Antes de terminar, gostaria de voltar à teoria, mas olhar para o futuro, e falar de uma palavra, "informação": um espectro que ronda a física teórica suscitando entusiasmos e confusão.

Este capítulo é diferente dos anteriores, porque, se neles eu falava de ideias e teorias que ainda não foram testadas mas estão bem definidas, aqui falo de ideias que ainda são muito confusas e estão tentando se organizar. Portanto, caro leitor, se achou que a viagem até aqui foi um tanto acidentada, fique firme, porque agora vamos voar a grandes altitudes. Se este capítulo lhe parece particularmente obscuro, não é porque as suas ideias são confusas, caro leitor; é porque as *minhas* ideias estão confusas.

Muitos cientistas suspeitam que o conceito de "informação" pode ser fundamental para realizar novos avanços na física. Fala--se de "informação" para se referir a fundamentos da termodinâmica, a ciência do calor, a fundamentos da mecânica quântica e, em outros âmbitos, às vezes também de maneira muito imprecisa. Acho que existe algo importante nessas ideias, e aqui tento explicar o motivo e o que a informação tem a ver com a gravidade quântica.

Antes de tudo, o que é informação? A palavra "informação" é usada na língua corrente com uma variedade de significados, e esta é uma fonte de confusão também no seu uso científico. A noção científica de informação foi esclarecida por Claude Shannon, matemático e engenheiro americano, em 1948, e é algo muito simples: a informação é uma medida do número de alternativas possíveis para alguma coisa. Por exemplo, se lanço um dado, este pode cair em seis faces. Se vejo que caiu em determinada face, tenho uma quantidade de informações $N = 6$, porque eram seis as possibilidades alternativas. Se não sei o dia de seu aniversário, há 365 possibilidades diferentes. Se você me diz o dia de seu aniversário, tenho uma informação $N = 365$. E assim por diante.

Em vez do número de alternativas N, para indicar a informação é mais conveniente usar o logaritmo na base 2 de N, chamado S. A informação de Shannon, portanto, é $S = \log_2 N$, em que N é o número de alternativas. Desse modo, a unidade de medida, $S = 1$, corresponde a $N = 2$ (porque $1 = \log_2 2$), ou seja, à alternativa mínima, que compreende apenas duas possibilidades. Essa unidade de medida é a informação entre duas únicas alternativas e é chamada "bit". Quando sei que na roleta saiu um número vermelho em vez de preto, tenho um bit de informação; se sei que saiu um número vermelho-par, tenho dois bits de informação; se sei que saiu vermelho-par-baixo, tenho três bits de informação. Dois bits de informação correspondem a quatro alternativas (vermelho-par, vermelho-ímpar, preto-par, preto-

-ímpar). Três bits de informação correspondem a oito alternativas, e assim por diante.[1]

Um ponto-chave é que a informação pode vir de qualquer parte. Imagine, leitor, que você tem na mão uma bola de bilhar que pode ser branca ou preta. Imagine que eu também tenho uma bola que pode ser branca ou preta. Há duas possibilidades de minha parte e duas da sua. O número total de possibilidades é quatro (ou seja, 2 × 2): branca-branca, branca-preta, preta-branca e preta-preta. Se as cores das duas bolas são independentes uma da outra, todas essas possibilidades podem ser realizadas. Mas agora vamos supor algo diferente: vamos supor que, por alguma razão física, temos certeza de que as duas bolas são da mesma cor (por exemplo, porque as ganhamos da mesma pessoa, que *sempre* presenteia bolas da mesma cor, ou porque ambos as tiramos de um pacote de bolas de bilhar de uma mesma cor). O número total de alternativas é, portanto, *apenas* duas (branca-branca ou então preta-preta), embora as alternativas continuem a ser duas de sua parte e duas da minha. Neste caso, o número total de alternativas (duas) é menor que o produto (quatro) do número das alternativas de sua parte (duas) e da minha (duas). Observe que, nessa situação, acontece algo particular: se você olha para a sua bola, *sabe de qual cor é a minha*. Nesse caso, dizemos que as cores das duas bolas de bilhar são "correlatas", ou seja, ligadas uma à outra. E que a informação sobre a cor da *minha* bola está também na *sua*. Minha bola de bilhar "tem informação" sobre a sua.

Se pensarem bem, isso é o que acontece sempre na vida quando nos comunicamos: por exemplo, se eu ligo para você, sei que o telefone faz com que os sons vindos de sua parte não sejam independentes dos sons vindos da minha. Os sons das duas partes estão ligados, como as cores das bolas. O exemplo não foi escolhido por acaso: Shannon, que inventou a teoria da informação, trabalhava numa companhia telefônica e estava buscando uma maneira de medir com precisão quanto uma linha telefônica podia "transportar". Mas o que uma linha telefônica "transporta"? Transporta informação. Transporta capacidade de distinguir entre alternativas. Por isso Shannon definiu a informação.

Por que a noção de informação é útil, ou melhor, talvez fundamental para compreender o mundo? Por um motivo sutil. Porque mede a possibilidade de os sistemas físicos se comunicarem entre si.

Voltemos uma última vez aos átomos de Demócrito. Vamos imaginar um mundo formado por um imenso mar de átomos que ricocheteiam, se atraem, se agrupam, e por nada mais que isso. Não falta alguma coisa?

Platão e Aristóteles insistiram no fato de que faltava algo e pensaram que a *forma* das coisas era aquele algo que existe *a mais*, além da *substância* de que as coisas são feitas. Para Platão, essas formas existem por si sós, em um mundo absoluto, o das ideias. A ideia do cavalo existia antes e independentemente de qualquer cavalo real. Aliás, para Platão, um cavalo real não passa de um pálido reflexo de um cavalo ideal. Os eventuais átomos que formam o cavalo contam pouco ou nada: o que importa é a "cavalinidade", a forma abstrata. Aristóteles é um pouco mais realista, mas também para ele a forma não se reduz à substância. Em uma estátua há mais do que a pedra da qual ela é feita. Este *a mais*, para Aristóteles, é a forma. Essa foi a crítica antiga ao vigoroso materialismo democritiano e continua a ser a principal crítica ao materialismo.

Mas a proposta de Demócrito de fato era a de que tudo se reduzia a átomos? Vamos revê-la com mais atenção, à luz do saber moderno. Demócrito diz que, quando os átomos se combinam, o que conta é a forma deles, a disposição deles na estrutura, bem como o modo como se combinam. E dá o exemplo das letras do alfabeto, que são apenas pouco mais de vinte, mas, como diz, "podem combinar-se de diversos modos, dando origem a comédias ou tragédias, histórias ridículas ou então poemas épicos".

Há muito mais que apenas átomos nessa ideia: há algo que é apreendido pelo *modo* como se dispõem um em relação ao outro. Mas qual relevância pode ter o modo como se dispõem os átomos, em um mundo onde só existem outros átomos? Se os átomos são também um alfabeto, quem pode ler as frases escritas nesse alfabeto?

A resposta é sutil: o modo como os átomos se dispõem pode ser correlato ao modo como *outros* átomos se dispõem. Portanto, um conjunto de átomos pode ter *informação*, no sentido técnico e preciso descrito acima, sobre outro conjunto.

No mundo físico, isso acontece continuamente e em todas as partes, em todos os momentos e em qualquer lugar: a luz que chega aos nossos olhos traz informação sobre os objetos de que provém, a cor do mar tem informação sobre a cor do céu acima dele, uma célula tem informação sobre o vírus que a atacou, um novo ser vivo tem informação porque é correlato com seus pais e com sua espécie, e você, caro leitor, na medida em que lê estas linhas, recebe informação sobre aquilo que estou pensando enquanto escrevo, isto é, sobre o que acontece no meu cérebro no momento em que estou escrevendo este texto. O que acontece nos átomos do seu cérebro já não é totalmente independente do que acontece nos átomos do meu cérebro.

Portanto, o mundo não é apenas uma rede de átomos que se chocam: é também uma rede de correlações entre conjuntos de átomos, uma rede de informação recíproca entre sistemas físicos.

Não há nada de idealista nem de espiritual nisso; é apenas uma aplicação da ideia de Shannon de que é possível contar as alternativas. Mas tudo isso é parte do mundo assim como as pedras dos Alpes Dolomíticos, o zumbir das abelhas e as ondas do mar.

Uma vez compreendido que existe essa rede de informação recíproca no Universo, é natural procurar empregá-la para descrever o mundo. Comecemos por um aspecto do mundo bem compreendido desde o final do século XIX: o calor. O que é o calor? O que significa dizer que algo é quente? Por que uma xícara de chá fervente esfria e não esquenta?

O primeiro a compreendê-lo foi Ludwig Boltzmann, o cientista austríaco que fundou a mecânica estatística.[2] O calor é o movimento microscópico casual das moléculas: quando o chá está mais quente, as moléculas se movem mais rapidamente. Mas por que o chá esfria? Boltzmann arriscou uma hipótese esplêndida: porque o número de possíveis estados das moléculas que correspondem ao chá quente e ao ar frio é maior que o número daqueles que correspondem ao chá frio e ao ar um pouco aquecido. Nos termos da noção de informação de Shannon, essa ideia se traduz imediatamente na afirmação: porque a informação contida no chá frio e no ar mais quente é menor que a contida no chá quente e no ar mais frio. E o chá não pode esquentar porque a informação nunca aumenta sozinha.

Eu me explico. Como as moléculas do chá são muitíssimas e pequenas, não conhecemos seu movimento preciso. Portanto, falta-nos informação. Essa informação pode ser calculada (Boltzmann fez isso: calculou em quantos estados diferentes podem estar as moléculas do chá quente). Se o chá esfria, um pouco da sua energia passa para o ar: portanto, as moléculas do chá se movem mais devagar, mas as moléculas do ar se movem mais rapidamente. Se calculo a informação faltante, no fim descubro que ela aumentou. Se tivesse ocorrido o contrário, ou seja, se o chá tivesse esquentado absorvendo calor do ar mais frio, então a informação (lembremos: a informação é apenas o número de alternativas possíveis, aqui o número de modos em que as moléculas de chá e de ar se movem em dadas temperaturas) teria aumentado. Mas a informação não pode cair do céu. Não pode aumentar sozinha, porque não sabemos o que não sabemos, e portanto o chá não pode esquentar sozinho estando em contato com ar mais frio.

Boltzmann não foi levado muito a sério. Suicidou-se aos 56 anos em Duino, perto de Trieste. Hoje é considerado um dos gênios da física. Em seu túmulo está inscrita a sua fórmula

$$S = k\log W$$

que expressa a informação (faltante) como o logaritmo do número de alternativas, ou seja, a ideia-chave de Shannon. Boltzmann percebeu que essa quantidade coincidia exatamente com a entropia usada em termodinâmica. A entropia é "informação faltante", ou seja, informação com sinal negativo. A entropia total só pode aumentar, em virtude do fato de que a informação só pode diminuir.[3]

Hoje os físicos aceitam que a informação pode ser usada como instrumento conceitual para esclarecer a base da ciência do calor. Mais ousada, mas hoje defendida por um número crescente de teóricos, é a ideia de que o conceito de informação pode nos levar a compreender os aspectos ainda misteriosos da mecânica quântica, dos quais falei no capítulo 5.

Não se esqueça de que uma das ideias-chave da mecânica quântica é precisamente o fato de que a informação é finita. O

240

número de resultados alternativos que podemos obter medindo um sistema físico[4] é infinito, de acordo com a mecânica clássica, mas na realidade é finito, como compreendemos com a mecânica quântica. Portanto, a mecânica quântica pode ser entendida, em primeiro lugar, como a descoberta de que a informação, na natureza, é sempre *finita*.

Toda a estrutura da mecânica quântica pode ser lida e compreendida em termos de informação da seguinte maneira. Um sistema físico se manifesta apenas e sempre interagindo com outro. Portanto, a descrição de um sistema físico é sempre dada em relação a outro sistema físico, aquele com o qual o primeiro interage. Qualquer descrição do estado de um sistema físico é, portanto, sempre uma descrição da *informação* que um sistema físico tem de outro sistema físico, ou seja, da *correlação* entre sistemas. Os mistérios da mecânica quântica tornam-se menos insondáveis se a interpretarmos desse modo, ou seja, como a descrição da informação que os sistemas físicos têm um do outro.

A descrição de um sistema, afinal, é apenas uma maneira de resumir todas as interações passadas com aquele sistema e tentar organizá-las de modo a poder prever qual pode ser o efeito de interações futuras.

Com base nessa ideia, em ampla medida toda a estrutura formal da mecânica quântica pode ser deduzida de dois simples postulados:[5]

1. A informação relevante em todo sistema físico é finita.
2. Pode-se sempre obter nova informação sobre um sistema físico.

Aqui a "informação relevante" é a que temos sobre dado *sistema* como consequência das nossas interações passadas com ele, informação que nos permite prever qual será o efeito, sobre nós, de futuras interações com esse mesmo sistema. O primeiro postulado caracteriza a granularidade da mecânica quântica: o fato de existir um número finito de possibilidades. O segundo caracteriza a indeterminação na dinâmica quântica: o fato de sempre existir algo imprevisível que nos permite obter *nova* informação. Quando adquirimos nova informação sobre um sistema, como a informação relevante total não pode aumentar indefinidamente (pelo primeiro postulado), segue-se que parte da informação precedente deve tornar-se *irrelevante*, ou seja, já não deve ter efeito algum sobre as previsões futuras. Por isso, em mecânica quântica, quando interagimos com um sistema, em geral não apenas adquirimos alguma coisa, mas ao mesmo tempo "anulamos" uma parte da informação sobre o próprio sistema.[6]

Desses dois postulados segue-se em ampla medida toda a estrutura matemática da mecânica quântica. Isso significa que a teoria se presta de modo surpreendente a ser expressa em termos de informação.

O primeiro a se dar conta de que a noção de informação é fundamental para compreender a realidade quântica foi John Wheeler, o pai da gravidade quântica. Wheeler cunhou o slogan "It from bit" para expressar essa ideia. Não é fácil traduzi-lo: literalmente significa "Isso do bit", em que um "bit" é a unidade mínima de informação, a alternativa mínima entre um sim e um não. "*It*", "isso", aqui significa "qualquer coisa". Portanto, o significado é algo parecido com "Tudo é informação".

A informação ressurge no âmbito da gravidade quântica. Lembra-se de que a área de uma superfície qualquer é determinada pelos spins dos loops que cortam essa superfície? Esses spins são quantidades discretas e cada um deles contribui para a área. Uma superfície com área determinada pode ser formada por esses quanta elementares de área de muitas maneiras diferentes, digamos em um número N de maneiras. Portanto, se conheço a área da superfície, mas não sei como exatamente os seus quanta de área estão distribuídos, tenho informação faltante sobre a superfície. Esse é precisamente um dos meios para calcular o calor dos buracos negros: os quanta de área de um buraco negro fechado dentro de uma superfície de certa área podem apresentar N possíveis distribuições diferentes, e portanto é como uma xícara de chá quente, onde as moléculas podem mover-se de N diferentes modos possíveis. Isso significa que se pode associar uma quantidade de "informação faltante", ou seja, de entropia, a um buraco negro.

A quantidade de informação assim associada a um buraco negro depende diretamente da área A do buraco negro: se o buraco é maior, a informação faltante é maior.

Quando a informação entra em um buraco negro, não é mais recuperável para quem está do lado de fora. Mas a informação que entra no buraco negro sempre carrega consigo alguma energia, em virtude da qual o buraco negro se torna maior e sua área aumenta. Vista de fora, a informação perdida no buraco negro aparece agora como entropia associada à área do buraco negro. O primeiro a suspeitar de algo semelhante foi o físico israelense Jacob Bekenstein.

Contudo, a situação nada tem de clara, porque, como vimos no último capítulo, os buracos negros emitem radiação térmica e pouco a pouco evaporam, tornam-se cada vez menores, provavelmente até desaparecer, confundindo-se naquele mar de microscópicos buracos negros que é o espaço na escala de Planck. Onde vai parar a informação que havia caído no buraco negro, enquanto este diminui? Os físicos teóricos estão se debruçando sobre essa pergunta, e ninguém tem as ideias completamente claras.

Bekenstein, o primeiro físico a intuir que um buraco negro deveria ter propriedades térmicas, levantou a hipótese de que existe um princípio geral pelo qual dentro de uma região qualquer cercada por uma superfície de área A nunca é possível observar um sistema que tenha informação faltante superior à de um buraco negro com a mesma área. Hoje alguns físicos admitem que essa pode ser uma lei universal e a chamam "princípio holográfico". O nome "holográfico" vem dos hologramas, que são superfícies planas que contêm imagens tridimensionais. O princípio holográfico diz algo semelhante: que toda informação que podemos fazer sair de uma região é limitada pela área da sua borda e, portanto, é como se se pudesse colocá-la inteiramente na borda da região.

Na verdade, ninguém ainda entendeu com clareza o que é esse "princípio holográfico", embora muitos falem sobre ele. Não se esqueçam de que, em gravidade quântica, descrevemos *processos*, e que um processo é uma região de espaço-tempo. Dessa forma, calculamos sempre a probabilidade daquilo que acontece na *borda*, sem jamais descrever exatamente o que acontece no interior. Parece que a realidade quer ser descrita em termos de bordas entre regiões ou entre sistemas, e rejeita a descrição completa do que acontece "dentro".

A física fala da relação entre sistemas e da informação que os sistemas têm um do outro, informação que trocam entre si na borda entre um processo e o outro. Nessa situação, há sempre correlações com os sistemas além da borda e, portanto, se está sempre em uma situação "estatística". Tudo isso — creio — indica que na base da nossa compreensão do mundo, além da relatividade geral e da mecânica quântica, é preciso incluir também a teoria do calor, ou seja, a mecânica estatística, e a termodinâmica, isto é, a teoria da informação. Mas a termodinâmica

244

da relatividade geral, ou seja, a mecânica estatística dos quanta de espaço, ainda está na sua primeira infância. Tudo ainda está muito confuso, e nos resta muitíssimo a entender.

Tudo isso nos leva à última ideia física que descrevo neste livro, o limite daquilo que sei: o tempo térmico.

Tempo térmico

O problema do qual se origina a ideia do tempo térmico é simples. No capítulo 7 mostrei que não é necessário usar a noção de tempo para descrever a física e que, no nível fundamental, é até mesmo melhor esquecer totalmente essa noção. O tempo não desempenha nenhum papel no nível fundamental da física. Uma vez compreendido isso, é mais fácil escrever as equações da gravidade quântica.

Há muitas noções cotidianas que já não desenvolvem nenhum papel nas equações fundamentais do Universo; por exemplo, as noções de "alto" e "baixo", ou então as de "quente" e "frio". Assim, não é tão estranho que noções comuns desapareçam na teoria fundamental. No entanto, uma vez aceita essa ideia, surge obviamente um segundo problema. Como recuperar a noção de "tempo" da nossa experiência comum?

Por exemplo, "alto" e "baixo" não entram nas equações fundamentais da física, mas nós sabemos o que significam em um esquema sem um alto absoluto e um baixo absoluto. "Baixo" indica simplesmente a direção para uma grande massa próxima cuja gravidade nos atrai, e "alto" a direção oposta. O mesmo vale para "quente" e "frio": não existem coisas "quentes" ou "frias" no nível microscópico, mas, assim que reunimos um grande número de constituintes microscópicos e os descrevemos em termos

245

de valores médios, então aparece a noção de "quente": um corpo quente é um corpo cujo valor médio da velocidade dos constituintes isolados é elevado. Desse modo, temos condições de compreender o significado de "alto" ou "quente" em situações oportunas: a presença de uma grande massa próxima, ou então o fato de que temos de lidar apenas com valores médios de muitas moléculas.

Algo semelhante deve valer para o "tempo". Se a noção de tempo não desempenha nenhum papel no nível elementar, certamente tem um papel significativo na nossa vida (como "alto" e "quente"). O que significa "o tempo passou", se o tempo não faz parte da descrição fundamental do mundo? Esse é o problema para o qual a ideia do *tempo térmico* oferece uma resposta.

A resposta é simples: a origem do tempo é parecida com a da temperatura. É o resultado das médias de inúmeras variáveis microscópicas. Vamos procurar entender.

A existência de uma ligação profunda entre tempo e temperatura é uma ideia antiga e recorrente, ainda que ninguém jamais tenha compreendido bem qual é exatamente essa ligação. Se pensarem bem, todos os fenômenos que ligamos à passagem do tempo envolvem a temperatura.

Vamos tentar dizê-lo de um modo mais preciso. A característica mais marcante do tempo é que vai para a frente, e não para trás, ou seja, a sua irreversibilidade. É a irreversibilidade o que caracteriza aquilo que chamamos tempo. Os fenômenos "mecânicos", ou seja, os fenômenos em que o calor não entra, são sempre reversíveis. Em outros termos, se você os filmar e os projetar de trás para a frente, verá fenômenos perfeitamente realistas. Por exemplo, se filmar um pêndulo, ou então uma pedra lançada para o alto, que sobe e depois volta a descer, e olhar o filme ao contrário, ainda verá um pêndulo perfeitamente sensato, ou uma pedra bem razoável que desce e depois volta a subir. Ah, você dirá, mas não é verdade! Quando chega ao chão, a pedra para; se assisto ao filme ao contrário, vejo uma pedra que pula sozinha a partir do chão, e isso é impossível. Exato, e de fato quando a pedra chega ao chão se detém, e para onde vai a sua energia? Vai *esquentar* o chão onde caiu! Transforma-se em um pouco de *calor*. No preciso momento em que se produz calor, ocorre um fenômeno irreversível: um fenômeno que claramente distingue o filme na ordem certa daquele invertido, o passado do futuro. É sempre o calor, em última análise, que diferencia o passado do futuro.

Isto é universal: uma vela queima e se transforma em fumaça, a fumaça não se transforma em vela, e uma vela produz calor. Uma xícara de chá fervente esfria e não esquenta: difunde calor. Nós vivemos e envelhecemos: produzimos calor. Nossa bicicleta envelhece com o tempo e se deteriora: produz calor nos atritos. Pensem no sistema solar: em uma primeira aproximação, continua a girar como um imenso mecanismo sempre igual a si mesmo. Não produz calor, e de fato se o víssemos girar ao contrário não notaríamos nada de estranho. Mas, olhando melhor, não é o que acontece: o Sol está consumindo o seu hidrogênio e um dia se esgotará e se apagará; o Sol também envelhece, e de fato produz calor. Mas não é só isso: também a Lua parece girar sempre igual a si mesma em torno da Terra, mas na verdade lentamente está se aproximando, porque eleva as marés e as marés esquentam um pouco o mar (calor) e roubam energia da Lua... Todas as vezes que se produz um fenômeno que atesta a passagem do tempo, há algum calor produzido. E calor é tirar as médias de muitas variáveis.

A ideia do tempo térmico é inverter essa observação. Ou seja: em vez de tentar entender por que o tempo produz dissipação em calor, perguntar-se por que a dissipação do calor produz o tempo.

Graças ao gênio de Boltzmann sabemos que a noção de calor vem do fato de que interagimos apenas com quantidades médias de muitas variáveis. A ideia do tempo térmico é que também a noção do tempo vem do fato de que interagimos apenas com quantidades médias de muitas variáveis.[7]

Enquanto nos limitamos à descrição completa do sistema, todas as suas variáveis são iguais e nenhuma representa o tempo. Mas, assim que descrevemos o sistema por meio de uma quantidade média de muitas variáveis, logo as coisas se colocam de tal maneira que essas quantidades médias se comportam como se existisse um tempo. Um tempo ao longo do qual o calor se dissipa. O tempo na nossa experiência cotidiana.

Portanto, o tempo não é um constituinte fundamental do mundo, mas continua a ser ubíquo, porque o mundo é imenso e nós somos pequenos sistemas no mundo que interagem apenas com variáveis macroscópicas que decorrem sempre da média de inumeráveis pequenas variáveis microscópicas. Em nossa vida cotidiana, nunca olhamos para as partículas elementares isoladas, para os quanta de espaço isolados. Olhamos para as pedras, os poentes, os sorrisos dos nossos amigos, e cada uma dessas coisas que vemos é um conjunto de miríades e miríades de componentes elementares. Nós somos sempre correlatos com médias. E as médias se comportam sempre como médias: perdem calor e, intrinsecamente, geram tempo.

A dificuldade de apreender essa ideia vem do fato de que é muito difícil pensar em um mundo sem tempo e em uma formação do tempo de modo aproximativo. Nós estamos demasiado acostumados a pensar a realidade como existente apenas no tempo. Somos seres que vivem no tempo: habitamos o tempo, nos alimentamos do tempo. Somos um efeito dessa temporalidade, produzida pelos valores médios de variáveis microscópicas. Mas não podemos nos desviar pelas dificuldades da nossa intuição. Compreender melhor o mundo muitas vezes significa contrariar a nossa intuição. Se não fosse assim, teria sido mais fácil compreendê-lo. O tempo é apenas um efeito de nossa desatenção aos microestados físicos das coisas. O tempo é a informação que não temos. O tempo é a nossa ignorância.

Realidade e informação

Por que a noção de informação desempenha um papel tão central? Talvez porque não devamos confundir aquilo que sabemos de um sistema com o estado absoluto do próprio sistema. Mais precisamente, porque aquilo que sabemos sempre diz respeito à relação entre nós e o sistema. Todo saber é intrinsecamente uma relação; portanto, depende simultaneamente do seu objeto e do seu sujeito. Não existem estados de um sistema que não estejam, explícita ou implicitamente, relacionados a outro sistema físico. A mecânica clássica pensou que poderia deixar de levar em conta essa simples verdade e conseguiria dar, ao menos na teoria, uma visão da realidade independente de quem olha. Mas o avanço da física mostrou que, afinal, isso é impossível.

Atenção: quando dizemos que "temos informação", por exemplo, sobre a temperatura de uma xícara de chá e "não temos informação" sobre a velocidade de cada molécula, isso não deve ser compreendido em termos de estados mentais ou em termos de ideias abstratas. Dizemos apenas que as leis da física fizeram com que exista uma correlação entre nós e a temperatura (por exemplo, olhamos um termômetro), mas não entre nós e as velocidades individuais das moléculas. Dizemos isso exatamente no mesmo sentido que a bola de bilhar branca nas suas mãos "tem informação" sobre o fato de que a bola nas minhas mãos também é branca. Trata-se de fatos físicos, não de noções mentais. Uma bola de bilhar pode ter informação mesmo que não pense, assim como o *pen drive* de um computador contém informação mesmo que não pense (o número de gigas inscrito no *pen drive* diz quanta informação ele pode conter). Essa informação, essas correlações entre estados de sistemas são ubíquas no Universo.

Acredito que, para compreender a realidade, é necessário considerar que aquilo a que nos referimos ao falar da realidade está estreitamente ligado a essa rede de relações, de informação recíproca, que tece o mundo. No fundo, é dela que falamos sempre.

Nós, por exemplo, dividimos a realidade ao nosso redor em objetos. Mas a realidade não é feita de objetos. É um fluxo contínuo e continuamente variável. Nessa variabilidade, estabelecemos alguns limites que nos permitem falar da realidade. Pensem em uma onda do mar. Onde termina uma onda? Onde ela começa? Quem pode nos dizer isso? E, contudo, as ondas são reais. Pensem nas montanhas. Onde começa uma montanha? Onde termina? Quanto ela continua sob a terra? São perguntas sem sentido, porque uma onda ou uma montanha não são objetos em si, são maneiras que temos de dividir o mundo para poder falar dele mais facilmente. Seus limites são arbitrários, convencionais, cômodos. São maneiras de organizar a informação de que dispomos, ou melhor, formas da informação de que dispomos.

Mas, pensando bem, o mesmo vale para todo objeto e também para um sistema vivo. Por isso não tem muito sentido se

perguntar se a unha meio cortada ainda sou eu ou já é um não-
-eu, se o pelo que meu gato está perdendo no meu sofá ainda é
parte do gato ou não, ou então quando precisamente um bebê
começa a viver. Um bebê começa a viver no dia em que um
homem e uma mulher pensam nele pela primeira vez, ou então
quando dentro dele se forma a primeira imagem de si mesmo,
ou quando respira pela primeira vez, ou quando reconhece o
seu nome, ou quando se aplique qualquer outra convenção: são
todas inteiramente arbitrárias. São modos de pensar e de nos
orientar na complexidade.

Também a noção de "sistema físico", esta abstrata ideia em
que se baseia grande parte da física, obviamente é apenas uma
idealização, uma maneira de organizar a nossa flutuante informação sobre o real.

Um sistema vivo é um sistema particular que se reforma continuamente semelhante a si mesmo, interagindo sem cessar com
o mundo externo. Só os mais eficazes desses sistemas continuam
a subsistir, e portanto nos sistemas existentes se manifestam as
propriedades que os fizeram subsistir, as quais se caracterizam
como aquelas que tornam possível a subsistência. Por isso os
sistemas vivos são passíveis de ser interpretados, e é assim que
os interpretamos, em termos de intencionalidade, de finalidade.

A finalidade no mundo biológico — essa é a enorme descoberta de Darwin — é a expressão ou, o que dá no mesmo, o
nome que damos ao resultado da seleção de formas complexas
eficazes em subsistir. Mas a maneira mais eficaz de subsistir em
um ambiente é gerenciar bem as correlações com o mundo externo, ou seja, a informação sobre ele, e saber coletar, armaze-
nar, transmitir e elaborar informações. Por isso existem códigos
do DNA, sistemas imunitários, órgãos dos sentidos, sistemas
nervosos, cérebros complexos, linguagens, livros, a biblioteca de

Alexandria, computadores e Wikipedia: para maximizar a eficácia do gerenciamento da informação. Ou seja, do gerenciamento das correlações.

A estátua que Aristóteles vê em um bloco de mármore existe, é real, e é algo mais que o bloco de mármore, mas não se esgota na própria estátua: é algo que reside na interação entre o cérebro de Aristóteles, ou o nosso, e o mármore. É algo que diz respeito à informação que o mármore tem acerca de alguma outra coisa e que é significativa para Aristóteles e para nós. É algo muito complexo que se refere a um discóbolo, Fídias, Aristóteles e o mármore, e reside na disposição correlata dos átomos da estátua e nas correlações entre estes e milhares de outros em nossa mente e na de Aristóteles. Eles nos falam do discóbolo assim como a bola branca na sua mão pode dizer-lhe que a minha é branca. Nós somos estruturas que se selecionaram para gerenciar melhor (melhor com a finalidade de subsistir) exatamente isto: informação.

Esta é apenas uma tomada panorâmica muito breve, mas é claro que a noção de informação desempenha um papel enorme nas tentativas atuais de compreender o mundo. Da estrutura dos sistemas de comunicação às bases genéticas da biologia, da termodinâmica à mecânica quântica, até a gravidade quântica, parece que a noção de informação está ganhando cada vez mais terreno como forma de conhecimento. Talvez não se deva pensar o mundo como um conjunto amorfo de átomos, mas como um jogo de espelhos baseado nas correlações entre as estruturas formadas pelas combinações desses átomos.

Como dizia Demócrito: não apenas quais átomos existem, mas também em qual ordem estão dispostos. Os átomos são como letras de um alfabeto: um extraordinário alfabeto tão rico a ponto de conseguir ler, refletir e até pensar a si mesmo. Não

252

somos átomos: somos ordens em que os átomos se dispõem, capazes de refletir outros átomos e de refletir a nós mesmos.

Demócrito tem uma estranha definição de "homem": "O homem é aquilo que todos conhecemos".[8] Parece tola e vazia, e foi criticada por isso, mas não é. Salomon Luria, o maior estudioso de Demócrito, observa que não é uma banalidade o que Demócrito está dizendo. A natureza de um homem não é dada pela sua conformação física interna, mas pela rede de interações pessoais, familiares e sociais em que existe. São estas que nos "fazem", estas que nos guardam. Enquanto "homens", somos aquilo que os outros conhecem de nós, aquilo que nós mesmos conhecemos de nós e daquilo que os outros conhecem de nós. Somos complexos nós de uma riquíssima rede de informações recíprocas.

Tudo isso não é uma teoria. São pistas sobre as quais estamos nos movendo — acredito — para tentar compreender melhor o mundo que nos rodeia. Ainda nos resta muitíssimo a compreender: esse é o tema do próximo capítulo, o último.

13. O mistério

A verdade está no profundo.
Demócrito[1]

Descrevi como penso que é a natureza das coisas à luz do que aprendemos até aqui. Retomei rapidamente o avanço de algumas ideias-chave da física fundamental, ilustrei as grandes descobertas da física do século XX e descrevi a imagem do mundo que está aparecendo nas pesquisas orientadas pela gravidade quântica.

Temos certeza de tudo isso? Não.

Uma das primeiríssimas e mais belas páginas da história da ciência é a passagem do *Fédon* de Platão em que Sócrates explica o formato da Terra. Sócrates diz "considerar" que a Terra é uma esfera com grandes vales onde habitam os homens. Bastante correto, com um pouco de confusão. E acrescenta: "Não tenho certeza". Esta página vale muito mais que as tolices sobre a imortalidade da alma que preenchem o restante do diálogo. Não apenas é o texto mais antigo que chegou até nós a falar explicitamente do fato de que a Terra poderia ser redonda, mas sobretudo brilha pela cristalina clareza com que Platão reconhece os *limites* do saber da sua época. "Não tenho certeza", diz Sócrates.

Essa aguda consciência da nossa ignorância é o cerne do pensamento científico. É graças a essa consciência dos limites do nosso saber que aprendemos tanto sobre o mundo. Hoje não temos certeza daquilo que suspeitamos, assim como Sócrates não tinha certeza da esfericidade da Terra, mas estamos explorando aquilo que se encontra nas fronteiras do nosso saber.

A consciência dos limites do nosso conhecimento é também a consciência do fato de que aquilo que sabemos, ou acreditamos saber, pode depois se mostrar impreciso ou equivocado. Só tendo bem em mente que nossas crenças podem estar equivocadas é que podemos nos libertar delas e aprender mais. Para aprender algo a mais é preciso ter a coragem de aceitar que aquilo que pensamos saber, incluindo as nossas convicções mais arraigadas, pode ser equivocado, ingênuo demais ou um tanto tolo. Sombras projetadas na parede da caverna de Platão.

A ciência nasce deste ato de humildade: não confiar cegamente nas próprias intuições. Não confiar naquilo que todos dizem. Não confiar no conhecimento acumulado pelos nossos pais e por nossos avós. Não aprendemos nada se pensamos que já sabemos o essencial, se pensamos que o essencial já está escrito em um livro ou guardado pelos anciãos da tribo. Os séculos em que os homens tiveram fé naquilo em que acreditavam são os séculos em que tudo ficou imóvel e ninguém aprendeu nada de novo. Se tivessem confiança cega no saber de seus pais, Einstein, Newton e Copérnico não teriam questionado tudo, não teriam promovido avanços no nosso saber. Se ninguém tivesse levantado dúvidas, ainda estaríamos ali adorando os faraós e pensando que a Terra está apoiada em uma grande tartaruga.

Até o saber mais eficaz, como o construído por Newton, no final pode se revelar ingênuo, conforme mostrou Einstein.

Algumas vezes a ciência é recriminada por pretender explicar tudo, saber a resposta para todas as perguntas. É curiosa essa recriminação para um cientista. A realidade é o contrário, como sabe qualquer pesquisador em qualquer laboratório do mundo: fazer ciência significa deparar-se cotidianamente com os próprios limites, com as inúmeras coisas que não se sabe e não se consegue fazer. Bem diferente da pretensão de explicar tudo! Não sabemos quais partículas veremos no próximo ano no CERN, o que observarão os nossos próximos telescópios, quais equações descrevem realmente o mundo; não sabemos resolver as equações que temos e algumas vezes nem sequer entender o que elas significam; não sabemos se a bela teoria na qual estamos trabalhando é correta, não sabemos o que existe além do big bang, não sabemos como funcionam um temporal, uma bactéria, um olho, as células do nosso corpo e o nosso próprio pensamento. Um cientista é alguém que vive na borda do saber, em estreito contato com os inumeráveis limites próprios e com os limites do conhecimento.

Se não temos certeza de nada, como podemos confiar naquilo que a ciência nos conta? A resposta é simples: a ciência não é confiável porque nos dá respostas corretas. É confiável porque nos fornece as melhores respostas que temos no momento presente. As melhores respostas encontradas até agora. A ciência reflete o melhor que sabemos sobre os problemas que enfrenta. É precisamente a sua abertura para aprender, para colocar o saber em discussão, que nos garante que as respostas que oferece são as melhores disponíveis: se forem encontradas respostas melhores, essas novas respostas passam a ser a ciência. Quando Einstein, encontrando respostas melhores, mostrou que Newton estava errado, não questionou a capacidade da ciência de dar as melhores respostas possíveis: ao contrário, apenas confirmou essa capacidade.

As respostas da ciência, portanto, não são confiáveis por serem definitivas. São confiáveis por serem as melhores disponíveis no momento. E são as melhores que temos precisamente porque não as consideramos definitivas, porque estamos sempre abertos para melhorá-las. É a consciência da nossa ignorância que dá à ciência sua extraordinária confiabilidade.

E é de confiabilidade que precisamos, não de certezas. Porque não temos verdadeiras certezas e jamais as teremos, a não ser que aceitemos acreditar de olhos fechados em qualquer coisa. As respostas mais confiáveis são as respostas científicas, porque a ciência *é* a busca das respostas mais confiáveis, não das respostas certas.

A aventura da ciência, apesar de ter suas raízes no saber precedente, tem sua alma na mudança. A história que contei é uma em que as raízes atravessam os milênios e que aproveitou cada pensamento sem nunca hesitar em se desfazer de alguma coisa quando outra que funcionava melhor era encontrada. A natureza do pensamento científico é crítica, rebelde, intolerante a toda concepção a priori, a toda reverência, a toda verdade intocável. A busca do conhecimento não se alimenta de certezas: alimenta-se de uma radical falta de certezas.

Isso significa não dar crédito a quem se diz dono da verdade. Por isso ciência e religião estão geralmente em rota de colisão. Não porque a ciência pretenda ter as respostas definitivas, mas, exatamente ao contrário, porque o espírito científico sorri diante dos que afirmam ter respostas definitivas, ter acesso privilegiado à Verdade.

Aceitar a incerteza substancial do nosso saber significa aceitar que vivemos imersos na ignorância, e portanto no mistério. Viver com perguntas para as quais não sabemos (talvez não saibamos ainda, ou talvez não saibamos nunca) dar resposta. Viver na incerteza é difícil. Alguns preferem uma certeza qualquer, mesmo que evidentemente infundada, à incerteza que vem de se dar conta dos próprios limites. Alguns preferem acreditar em uma história nem que seja apenas porque os anciãos da tribo acreditavam nela — não importa se é verdadeira ou falsa —, em vez de aceitar a coragem da sinceridade: aceitar que vivemos sem saber tudo o que gostaríamos.

A ignorância pode dar medo. Por medo, podemos contar uns aos outros uma história que nos tranquilize, algo que acalme o nosso desassossego. Além das estrelas, há um jardim encantado, com um doce pai que nos acolherá entre seus braços. Não importa se é verdade; podemos resolver ter fé nessa história que nos tranquiliza, mas elimina nossa vontade de aprender.

No mundo, há sempre alguém que tem a pretensão de nos dar as respostas definitivas. Aliás, o mundo está repleto de pessoas que afirmam conhecer a Verdade. Porque a aprenderam dos pais, porque a leram em um Grande Livro, porque a receberam diretamente de um deus. Porque a encontram no fundo de si mesmos. Há sempre alguém, ou alguma instituição, que se autodenomina depositário da Verdade e se apressa em oferecer a todos respostas consoladoras para as perguntas inquietantes. "Não tenham medo, lá no alto há alguém que ama vocês." Há sempre alguém que tem a pretensão de ser depositário da Verdade, fechando os olhos para o fato de que o mundo está repleto de *outros* depositários da Verdade, cada qual com a sua própria, diferente da dos outros. Há sempre algum senhor vestido de branco que diz: "Ouçam o que eu digo, eu sou infalível".

Não critico quem prefere acreditar em fábulas: cada um de nós é livre para acreditar naquilo que quiser e de fazer o que quiser com a própria inteligência. Quem tem medo de fazer perguntas pode seguir Agostinho, que, um pouco por brincadeira, conta a resposta que ouviu à pergunta sobre o que Deus fazia antes de criar o mundo: "Alta... scrutantibus gehennas parabat",[2] "Preparava o inferno para aqueles que tentam perscrutar os mistérios profundos". Aquele mesmo "profundo" em que Demócrito, na citação que abre este capítulo, nos diz para ir buscar a verdade.

De minha parte, prefiro encarar nossa ignorância, aceitá-la e procurar olhar além dela, tentar compreender aquilo que conseguimos. Não apenas porque aceitar essa ignorância é o melhor caminho para não cair na armadilha das superstições e dos preconceitos, mas em primeiro lugar porque aceitar a nossa ignorância me parece o caminho mais verdadeiro, mais bonito e, sobretudo, mais honesto.

Tentar olhar mais longe, ir mais longe, me parece uma daquelas coisas esplêndidas que dão sentido à vida. Como amar e como olhar o céu. A curiosidade de aprender, descobrir, querer olhar além da colina, querer experimentar a maçã é o que nos torna humanos. Como lembra a seus companheiros o Ulisses de Dante, não somos feitos "[...] para viver como brutos, mas para seguir virtude e conhecimento".

O mundo é mais extraordinário e profundo que qualquer fábula que os pais nos contam. Queremos sair para vê-lo. Aceitar a incerteza não nos tira o sentido do mistério, ao contrário. Estamos imersos no mistério e na beleza do mundo. O mundo revelado pela gravidade quântica é um mundo novo, estranho, ainda repleto de mistério, mas coerente na sua simples e límpida beleza.

É um mundo que não existe no espaço e não se desenvolve no tempo. Um mundo feito apenas de campos quânticos em interação, cujo pulular de quanta gera, através de uma densa rede de interações recíprocas, espaço, tempo, partículas, ondas e luz (figura 13.1).

Figura 13.1 Uma representação intuitiva da gravidade quântica.

E continua
continua a pulular morte e vida
terna e hostil, clara e incognoscível.

E, acrescenta o poeta,

Eis o que captam os olhos do alto desta torre de vigia.[3]

Um mundo sem infinitos, onde não existe o infinitamente pequeno porque há uma escala mínima para esse pulular, abaixo da qual não existe nada. Quanta de espaço se confundem na espuma do espaço-tempo, e a estrutura das coisas nasce da informação recíproca que tecem as correlações entre as regiões do mundo. Um mundo que sabemos descrever com um conjunto de equações. Que talvez precisem ser corrigidas.

É um vasto mundo ainda todo a desvendar, a explorar. Meu sonho mais bonito é que alguém, entre os mais jovens leitores deste livro, possa sair para navegá-lo, iluminá-lo, descobri-lo. Além da colina, há outros mundos ainda mais vastos, ainda inexplorados.

Notas

1. GRÃOS [pp. 19-42]

1. Ao pensamento científico dos milésios, e particularmente de Anaximandro, dedica-se C. Rovelli, *Che cos'è la scienza. La rivoluzione di Anassimandro*. Milão: Mondadori, 2012.

2. A origem milésia de Leucipo é testemunhada, por exemplo, por Simplício (ver M. Andolfo, *Atomisti antichi. Frammenti e testimonianze*. Milão: Rusconi, 1999, p. 103), mas não é certa. Uma alternativa mencionada pelos antigos é Eleia. A referência a Mileto e a Eleia é significativa em relação às origens culturais do seu pensamento; a dívida de Leucipo com Zenão de Eleia é discutida nas páginas seguintes.

3. Sêneca, *Naturales quaestiones*, VII, 3, 2d (trad. it. *Questioni naturali*, in *Tutte le opere*. Milão: Bompiani, 2000).

4. Cícero, *Academica priora*, II, 23, 73 (trad. it. in *Lucullo/ M. T. Cicerone*. Turim: Loescher, 1969).

5. Sexto Empírico, *Adversus mathematicos*, VII, 135 (trad. it. *Contro i matematici*. Roma/Bari: Laterza, 1975).

6. Ver Aristóteles, *De generatione et corruptione* A1, 315b 6 (trad. it. *La generazione e la corruzione*. Milão: Bompiani, 2013).

7. Uma coletânea de fragmentos e testemunhos antigos que falam do atomismo é M. Andolfo, *Atomisti antichi*, cit. Uma coletânea excelente e completa de fragmentos e testemunhos sobre Demócrito foi composta por Salomon Luria (ver Demócrito, *Raccolta dei frammenti*. Milão: trad. it. Bompiani, 2007).

8. Um breve e interessante texto recente sobre o pensamento de Demócrito, que evidencia seu humanismo, é S. Martino, *Democrito: filosofo della natura o filosofo dell'uomo?* Roma: Armando, 2002.

9. Platão, *Fédon*, XLVI (trad. it. *Fedone o sull'anima*. Milão: Feltrinelli, 2007).

10. R. Feynman, *La fisica di Feynman*. Bolonha: trad. it. Zanichelli, 1990, livro I, capítulo 1.

11. Ver Aristóteles, *De generatione et corruptione*, cit., A2, 316a.

12. Um excelente texto recente sobre os paradoxos de Zenão e sobre sua relevância filosófica e matemática atual é V. Fano, *I paradossi di Zenone*. Roma: Carocci, 2012.

13. Em termos técnicos, existem séries infinitas convergentes. A do exemplo do barbante é $\sum_{n=1}^{\infty} 2^{-n}$ que converge para 1. As somas infinitas convergentes não eram compreendidas na época de Zenão. Arquimedes, porém, as compreendia e as empregou para calcular áreas. Newton as usava, mas foi preciso esperar até o século XIX, com Bolzano e Weierstrass, para ter completa clareza conceitual sobre esses objetos matemáticos. Seja como for, Aristóteles já indicava essa direção para responder a Zenão: a distinção aristotélica entre infinito em ato e infinito em potência contém a distinção-chave entre a ausência de limite para a divisibilidade e a possibilidade de já ter dividido alguma coisa infinitas vezes.

14. "Os versos do sublime Lucrécio/ só perecerão no dia em que toda a terra for destruída" (ı, 15, 23-24).

15. Eis algumas das obras de Demócrito cujo título nos foi transmitido por Diógenes Laércio: *Grande cosmologia; Pequena cosmologia; Cosmografia; Sobre os planetas; Sobre a natureza; Sobre a natureza humana; Sobre a inteligência; Sobre as sensações; Sobre a alma; Sobre os sabores; Sobre as cores; Sobre as diversas trajetórias dos átomos; Sobre as mudanças de configuração; As causas dos fenômenos celestes; As causas dos fenômenos atmosféricos; As causas do fogo e dos fenômenos ígneos; As causas dos fenômenos acústicos; As causas das sementes, das plantas e dos frutos; As causas dos animais; Descrição do céu; Geografia; Descrição do Polo; Sobre a geometria; As realidades geométricas; Sobre a tangente ao círculo e a esfera; Os números; Sobre as linhas irracionais e sobre os sólidos; Projeções; Astronomia; Tábua astronômica; Sobre o raio luminoso; Sobre as imagens refletidas; Sobre os ritmos e sobre a harmonia; Sobre a poesia; Sobre a beleza dos cantos; Sobre a eufonia e a cacofonia; Sobre Homero; Sobre a correção expressiva e linguística; Sobre as palavras; Sobre as denominações; Sobre o valor ou sobre a virtude; Sobre a disposição que caracteriza o sábio; A ciência médica; Sobre a agricultura; Sobre a pintura; A tática; Os périplos oceânicos; Sobre a história; O pensamento dos caldeus; O pensamento dos frígios; Sobre as cartas sagradas da Babilônia; Sobre as cartas sagradas de Meroé; Sobre a febre e as tosses biliares decorrentes da doença; Sobre as aporias; Questões legais; Pitágoras; Sobre o padrão dos raciocínios; As confirmações; Anotações de ética; A felicidade.* Tudo perdido...

16. Lucrécio, *De rerum natura*, ı, 76 (trad. it. *La natura delle cose*. Milão: Rizzoli, 1994).

17. Id., ibid., ıı, 990.

18. Id., ibid., ıı, 16.

19. Id., ibid.

20. Guido Cavalcanti, *Rime*. Milão: Ledizioni, 2012.

21. Uma reconstrução da descoberta do texto de Lucrécio e do seu impacto sobre a cultura europeia encontra-se em S. Greenblatt, *The Swerve: How the World Became Modern*. Nova York: W. W. Norton, 2011.

22. Ver M. Camerota, "Galileo, Lucrezio e l'atomismo", in F. Citti, M. Beretta (orgs.), *Lucrezio, la natura e la scienza*. Florença: Leo S. Olschki, 2008, pp. 141-75.

23. Ver R. Kargon, *Atomism in England from Hariot to Newton*. Oxford: Oxford University Press, 1966.

24. W. Shakespeare, *Romeo and Juliet*, I, 4 (trad. it. *Romeo e Giulietta*, in *Le tragedie*. Milão: Mondadori, 2005).

25. Lucrécio, *De rerum natura*, cit., II, 160.

26. Piergiorgio Odifreddi publicou uma bela tradução comentada do texto de Lucrécio, pensada para os jovens estudantes (*Come stanno le cose. Il mio Lucrezio, la mia Venere*. Milão: Rizzoli, 2013). Uma leitura do poema e do seu autor diametralmente oposta ao comentário de Odifreddi é a romântica, oferecida por V. E. Alfieri, *Lucrezio*. Florença: Le Monnier, 1929, que ressalta a pungente poeticidade da obra e vê nela uma imagem muito nobre, mas amarga, do caráter do seu autor.

27. H. Diels, W. Kranz (orgs.), *Die Fragmente der Vorsokratiker*. Berlim: Weidmann, 1903, 68 b 247.

2. OS CLÁSSICOS [pp. 43-63]

1. A má fama da física aristotélica remonta às polêmicas de Galileu. Este tinha de avançar, e portanto criticá-la. Polêmico como era, ataca-a impiedosamente e com ironia.

2. Jâmblico de Cálcis, *Summa pitagorica*. Milão: trad. it. Bompiani, 2006.

3. O quadrado do período de revolução é proporcional ao cubo do raio da órbita. Essa lei se revelou correta não apenas para os planetas em torno do Sol (Kepler), mas também para os satélites de Júpiter (Huygens). Newton assume, por indução, que deveria ser verdadeira também para as hipotéticas luas da Terra. A constante de proporcionalidade depende do corpo em torno do qual se orbita: por isso, são os dados da órbita lunar que permitem calcular o período da pequena lua.

4. I. Newton, *Opticks* (1704), trad. it. *Scritti di ottica*. Turim: UTET, 1978.

5. A energia liberada por motores a explosão é química e, portanto, em última análise, também ela eletromagnética.

6. I. Newton, *Letters to Bentley*, Kessinger (MT), 2010. Citado em H. S. Thayer, *Newton's Philosophy of Nature*, Nova York, Hafner, 1953, p. 54.

7. Id., ibid.

8. M. Faraday, *Experimental Researches in Electricity*. Londres: Bernard Quaritch, 1839-55, 3 vols., pp. 436-7.

9. As equações ocupam uma página inteira no tratado original de Maxwell. As mesmas equações podem ser hoje escritas em meia linha: $dF = 0$, $d^*F = J$. Depois veremos por quê.

10. Se visualizarmos o campo como um vetor (uma flechinha) em cada ponto do espaço, aquela flechinha é a direção da linha de Faraday naquele ponto, ou seja, a tangente à linha de Faraday, e o comprimento da flechinha é proporcional à densidade das linhas de Faraday naquele ponto.

3. ALBERT [pp. 69-108]

1. O conjunto dos eventos à distância de tipo espaço em relação a um observador.

2. O leitor perspicaz objetará que o momento *na metade* dos meus quinze minutos pode ser considerado simultâneo à

resposta dele. O leitor que estudou física reconhecerá que essa é a "convenção de Einstein" para definir a simultaneidade. Essa definição de simultaneidade, contudo, depende de como eu me movimento e, portanto, não define a simultaneidade diretamente entre dois eventos, mas apenas uma simultaneidade "relativa" ao movimento de corpos particulares. Na figura 3.3 uma bolinha está a meio caminho entre a e b, os pontos em que saio do passado do observador e entro no seu futuro. A outra bolinha está a meio caminho entre c e d, os pontos em que saio do passado do observador e entro no seu futuro se me movimento ao longo de uma trajetória diferente. Ambas as bolinhas são simultâneas para o leitor, segundo essa definição de simultaneidade; mesmo assim, acontecem em tempos sucessivos. Cada uma das duas bolinhas é simultânea ao leitor, mas "relativamente" a dois movimentos diferentes. Daí o nome "relatividade".

3. Simplício, *Aristotelis Physica*, 28, 15.

4. Avião e bola seguem geodésicas numa métrica curva. No caso da bola, a geometria é aproximada pela métrica $ds^2 = (1 - 2\phi(x))dt^2 - dx^2$, em que $\phi(x)$ é o potencial newtoniano. Portanto, o efeito do campo gravitacional se reduz efetivamente apenas à dilatação do tempo. (O leitor que conhece a teoria notará a curiosa inversão de sinal: a trajetória física é a que *maximiza* o tempo próprio, como acontece sempre no âmbito especial-relativista.)

5. A observação do sistema binário PSR B1913+16 mostra que as duas estrelas, que giram uma em torno da outra, irradiam ondas gravitacionais. Essa observação levou Russell Hulse e Joseph Taylor ao prêmio Nobel em 1993.

6. Plutarco, *Adversus Colotem*, 4, 1108 ss. A palavra φύσιν significa "natureza" também no sentido da "natureza de alguma coisa".

7. Este termo é denominado "cosmológico" porque só tem efeitos em escala muito grande, precisamente em escala cosmológica. A constante Λ é chamada "constante cosmológica" e seu valor foi medido no final dos anos 1990, levando ao prêmio Nobel os astrônomos Saul Perlmutter, Brian P. Schmidt e Adam G. Riess em 2011.

8. A. Calaprice, *Dear Professor Einstein. Albert Einstein's Letters to and from Children.* Nova York: Prometheus Books, 2002, p. 140.

9. Göttingen, onde Hilbert trabalhava, era a sede da maior escola de geometria da época.

10. A carta é reproduzida em A. Folsing, *Einstein: A Biography.* Londres: Penguin, 1998, p. 337.

11. F. P. De Ceglia (org.), *Scienziati di Puglia: secoli V a.C.--XXI*, Parte 3, Bari: Adda, 2007, p. 18.

12. A esfera comum é o conjunto dos pontos em R^3 determinados pela equação $x^2 + y^2 + z^2 = 1$. A triesfera é o conjunto dos pontos em R^4 determinados pela equação $x^2 + y^2 + z^2 + u^2 = 1$.

13. Objetou-se a essa observação que Dante fala de "círculos", e não de "esferas". Mas a objeção não se sustenta; Brunetto Latini escreveu em seu livro: "Um círculo, como uma casca de ovo". A palavra "círculo", para Dante assim como para seu mestre e tutor, indica tudo aquilo que é circular, incluindo as esferas.

14. É possível formar com o polo Norte e com dois pontos oportunamente escolhidos no Equador um triângulo na superfície da Terra com três lados iguais e três ângulos retos, algo impossível de realizar num plano.

15. A. Calaprice, *Dear Professor Einstein*, cit., p. 208.

4. OS QUANTA [pp. 109-39]

1. A. Einstein, "Über einen die Erzeugung und Verwandlung des Lichtes betreffenden heuristischen Gesichtspunkt", in *Annalen der Physik*, 17, pp. 132-48.

2. Formas mais ou menos acentuadas de autismo são bastante comuns entre os cientistas (embora também existam, obviamente, ótimos cientistas muito sociáveis). Denomina-se síndrome de Asperger uma forma leve de autismo que não interfere (demais) na vida cotidiana. A associação entre condições autistas e habilidades científicas foi estudada pelos psicólogos (ver, por exemplo, Baron-Cohen et al., "The autism-spectrum quotient (AQ): Evidence for Asperger syndrome/high-functioning autism, males and females, scientists and mathematicians", in *The Journal of Autism and Developmental Disorders*, 31, 1, 2001, pp. 5-17). O trabalho científico, sobretudo teórico, exige uma grande capacidade de concentração, bem como a capacidade de seguir obstinadamente os próprios pensamentos. Esses dotes são comuns em personalidades autistas, muitas vezes em detrimento da capacidade de empatia e sociabilidade. Curar as pessoas de suas esquisitices não raro significa privá-las da personalidade e impedi-las de desenvolver os próprios talentos.

3. Uma excelente biografia de Dirac, que ilustra bem sua personalidade desconcertante, é G. Farmelo, *L'uomo più strano del mondo. Vita segreta di Paul Dirac, il genio dei quanti*. Milão: trad. it. Raffaello Cortina, 2013.

4. Um espaço de Hilbert.

5. Estes são os autovalores do operador associado à variável física em questão. A equação-chave é, portanto, a equação de autovalores.

6. A "nuvem" que representa os pontos do espaço onde é provável encontrar o elétron é descrita por um objeto matemático

chamado "função de onda". O físico austríaco Erwin Schrödinger escreveu uma equação que mostra como essa função de onda evolui no tempo. Schrödinger esperava que a "onda" explicasse as estranhezas da mecânica quântica: desde as ondas do mar às eletromagnéticas, as ondas são algo que compreendemos muito bem. Ainda hoje alguns tentam entender a mecânica quântica pensando que a realidade é a onda de Schrödinger. Mas Heisenberg e Dirac logo compreenderam que esse caminho é equivocado. Pensar na onda de Schrödinger como algo real, e dar a ela demasiada importância, não ajuda a compreender a teoria; ao contrário, torna tudo mais confuso. A função não está no espaço físico, está em um espaço abstrato formado por todas as possíveis configurações do sistema, e isso a faz perder todo o seu caráter intuitivo.

Mas o motivo principal pelo qual a onda de Schrödinger não é uma boa imagem da realidade consiste no fato de que, quando o elétron colide com outra coisa, é sempre em um único ponto, não está difuso no espaço como uma onda. Se pensarmos que um elétron é uma onda, encontramo-nos depois na péssima situação de tentar explicar como pode essa onda se concentrar instantaneamente em um único ponto a cada colisão. A onda de Schrödinger não é uma representação útil da realidade: é um auxílio de cálculo para permitir prever com mais precisão onde o elétron reaparecerá. A realidade do elétron não é uma onda: é esse aparecer intermitente nas colisões, como o homem que aparecia nos círculos de luz enquanto o jovem Heisenberg perambulava pensativo na noite de Copenhague.

7. A equação de Dirac.

8. Isso em geral é verdadeiro como consequência da mecânica quântica e da relatividade restrita.

9. Há um fenômeno que parece não ser redutível ao modelo-padrão: a chamada matéria escura. Astrofísicos e cosmólogos

observam no Universo efeitos da matéria que parecem não ser do tipo descrito pelo modelo-padrão. Existem muitas coisas que ainda não sabemos.

10. Não devemos levar a sério certas descrições jornalísticas segundo as quais o bóson de Higgs é "a explicação da massa das partículas". As partículas têm massa porque têm, e o bóson de Higgs não explica nem um pouco a origem da massa. O ponto é técnico: para se sustentar, o modelo-padrão baseia-se em algumas simetrias, e essas simetrias pareciam permitir apenas partículas sem massa, mas Higgs percebeu que é possível ter tanto as simetrias quanto a massa, desde que esta entre de forma indireta, através das interações com um campo hoje chamado, precisamente, campo de Higgs. Como todo campo tem as suas partículas, devia haver, portanto, uma correspondente "partícula de Higgs", que foi encontrada em 2013.

11. Uma região finita do espaço das fases, ou seja, do espaço dos possíveis estados de um sistema, contém um número *infinito* de estados clássicos distinguíveis, mas corresponde *sempre* a um número *finito* de estados quânticos ortogonais. Esse número é dado pelo volume da região dividido pela constante de Planck elevada ao número de graus de liberdade. O resultado é completamente geral.

12. Lucrécio, *De rerum natura*, cit., II, 218.

13. Ou "integral de Feynman". A probabilidade de ir de A a B é o módulo quadrado da integral sobre todos os caminhos da exponencial da ação clássica do caminho multiplicada pela unidade imaginária e dividida pela constante de Planck.

14. Uma discussão aprofundada sobre essa interpretação relacional da mecânica quântica pode ser encontrada no verbete "Relational quantum mechanics" da (belíssima) enciclopédia on-line *The Stanford Encyclopedia of Philosophy*, disponível

em: <http://plato.stanford.edu/archives/win2003/entries/ rovelli/>, ou então em C. Rovelli, "Relational quantum mechanics", in *International Journal of Theoretical Physics*, 35, 1637, 1996, disponível em: <http://arxiv.org/abs/quant-ph/9609002>.

15. A caixa contém um mecanismo que abre por um instante o furo à direita e deixa sair um fóton num preciso momento. Pesando a caixa, é possível deduzir a energia do fóton que saiu. Einstein esperava que isso trouxesse dificuldade para a mecânica quântica, que prevê que tanto o tempo como a energia não podem ser determinados. A resposta correta para a observação de Einstein, que Bohr não conseguiu encontrar, mas hoje é clara, é que a posição do fóton que escapa e o peso da caixa ficam ligados entre si ("correlatos") mesmo que o fóton já esteja distante.

16. B. van Fraassen, "Rovelli's world", in *Foundations of Physics*, 40, 2010, pp. 390-417; M. Bitbol, *Physical Relations or Functional Relations? A Non-metaphysical Construal of Rovelli's Relational Quantum Mechanics*, Philosophy of Science Archives, 2007, disponível em: <http://philsci-archive.pitt.edu/3506/>; M. Dorato, *Rovelli's Relational Quantum Mechanics, Monism and Quantum Becoming*, Philosophy of Science Archives, 2013, disponível em: <http://philsci-archive.pitt.edu/9964/>, e *Che cos'è il tempo? Einstein, Gödel e l'esperienza comune*, Roma; Carocci, 2013.

5. O ESPAÇO-TEMPO É QUÂNTICO [pp. 143-56]

1. É o famoso trabalho sobre a mensurabilidade dos campos de Niels Bohr e Leon Rosenfeld, "Det Kongelige Danske Videnskabernes Selskabs", in *Mathematiks-fysike Meddelelser*, 12, 1933.

2. O corte sobre o *h* da constante de Planck quer indicar apenas que a constante de Planck é dividida por 2π, uma nota-

ção um tanto inútil e idiossincrática dos físicos teóricos: colocar a barrinha sobre o *h* "é muito elegante".

3. Ver M. Bronštein, "Quantentheorie schwacher Gravitationsfelder", in *Physikalische Zeitschrift der Sowjetunion*, 9, 1936, pp. 140-57; "Kvantovanie gravitatsionnykh voln", in *Pi'sma v Zhurnal Eksperimental'noi i Teoreticheskoi Fiziki*, 6, 1936, pp. 195-236.

4. Ver F. Gorelik, V. Frenkel, *Matvei Petrovich Bronstein and Soviet Theoretical Physics in the Thirties*, Boston: Birkhauser Verlag, 1994. "Bronštein" era também o verdadeiro sobrenome de Trótski.

5. Para ouvir essa metáfora narrada diretamente por ele, pode-se consultar <http://www.webofstories.com/play/9542?o=MS>.

6. O episódio é lembrado por Bryce DeWitt, disponível em: <http://www.aip.org/history/ohilist/23199.html>.

7. DeWitt substituiu derivadas por operadores de derivação na equação de Hamilton-Jacobi da relatividade geral (escrita pouco antes por Peres). Ou seja, fez exatamente o que Schrödinger havia feito para escrever a sua equação, em seu primeiro trabalho: substituir derivadas por operadores de derivação na equação de Hamilton-Jacobi de uma partícula.

8. A alternativa mais conhecida para a gravidade quântica em loop é a teoria das cordas.

6. QUANTA DE ESPAÇO [pp. 157-70]

1. Portanto, os estados quânticos da gravidade são indicados por $|j_l, v_n\rangle$, em que n indica os nós e l os links do grafo.

2. Imagine que amontoados de absurdos nos pareceriam as ideias de Aristóteles ou de Platão se dispuséssemos apenas dos comentários escritos por outros e não pudéssemos apreender a clareza e a complexidade dos textos originais!

3. O número quântico dos estados dos fótons no espaço de Fock é o momento, a transformada de Fourier da posição.

4. O operador conjugado à geometria do espaço granular é a holonomia da conexão gravitacional, ou seja, em termos físicos, um loop para a relatividade geral.

5. O cientista que desenvolveu mais a fundo a compreensão dessa geometria quântica é italiano e trabalha em Marselha: Simone Speziale.

7. O TEMPO NÃO EXISTE [pp. 171-91]

1. "Não se pode dizer que alguém perceba o tempo/ separado do movimento das coisas [...]" (I, 462-3).

2. O potencial gravitacional.

3. Especialmente se estava emocionado...

4. Os primeiros cálculos importantes sobre as colisões gravitacionais de partículas com técnicas de *spinfoam* foram concluídos por jovens cientistas italianos como Emanuele Alesci, que hoje trabalha na Polônia, e Claudio Perini e Elena Magliaro, obrigados a abandonar a pesquisa teórica pela impossibilidade de ter acesso a um cargo de carreira em uma universidade italiana.

5. A primeira define o espaço de Hilbert da teoria. A segunda, a álgebra dos operadores. A terceira, a amplitude de transição em cada vértice, como o da figura 7.4.

6. "[...] todas as diferentes partículas elementares poderiam ser reduzidas a alguma substância universal que poderíamos igualmente chamar energia ou matéria, e nenhuma das partículas deveria ser preferida e considerada mais fundamental. Esse ponto de vista corresponde à doutrina de Anaximandro, e estou convencido de que em física moderna é o ponto de vista correto" (W. Heisenberg, *Fisica e filosofia*, Milão: Il Saggiatore, 1961).

7. W. Shakespeare, *A Midsummer Night's Dream*, V, 1.

8. ALÉM DO BIG BANG [pp. 197-205]

1. O discurso pode ser consultado no site do Vaticano: <http://www.vatican.va/holy_father/pius_xii/speeches/1951/documents/hf_p-xii_spe_19511122_di-serena_it.html#top>.

2. Ver S. Singh, *Big Bang*, Londres: HarperCollins, 2010, p. 362.

3. Uma contribuição para a possibilidade de usar técnicas de *spinfoam* em cosmologia quântica veio da tese de doutorado da italiana Francesca Vidotto, que agora trabalha na Holanda.

9. CONFIRMAÇÕES EMPÍRICAS? [pp. 206-17]

1. Trata-se de um interferômetro: usa a interferência entre os lasers que correm ao longo dos dois braços para revelar mínimas variações de comprimento desses braços.

12. INFORMAÇÃO [pp. 234-53]

1. Um ponto sutil: a informação não mede aquilo que sei, mas o número de alternativas possíveis. A informação que me diz que saiu o número 3 na roleta é $N = 37$, porque há 37 números; mas a informação que me diz que entre os números vermelhos saiu o número 3 é $N = 18$, porque há dezoito números vermelhos. Quanta informação tenho se sei qual dos irmãos Karamazov matou o pai? A resposta depende de quantos são os irmãos Karamazov.

2. Boltzmann não usou o conceito de informação, mas seu trabalho pode ser lido desse modo.

3. A entropia é proporcional ao logaritmo do volume do espaço das fases. A constante de proporcionalidade, k, é a constante de Boltzmann, que transforma a unidade de medida da informação, bit, na unidade de medida da entropia, *joule por kelvin*.

4. Que seja uma região finita do seu espaço das fases.

5. Uma discussão detalhada desses dois postulados encontra-se em C. Rovelli, "Relational quantum mechanics", cit.

6. Trata-se daquilo que é chamado, impropriamente, o "colapso" da função de onda.

7. Um estado estatístico de Boltzmann é descrito por uma função sobre o espaço das fases que é a exponencial da hamiltoniana. A hamiltoniana é o gerador das transformações que fazem o tempo passar. Em um sistema em que o tempo não é definido, não existe hamiltoniana. Mas, se temos um estado estatístico, basta tomar seu logaritmo e este define uma hamiltoniana, portanto uma noção de tempo.

8. Cícero, *Academica priora*, cit., II, 23, 73.

13. O MISTÉRIO [pp. 254-61]

1. Citado em Diógenes Laércio, *Vite e dottrine dei più celebri filosofi*, trad. it. Milão: Bompiani, 2005.

2. Agostinho de Hipona, *Confissões*, XI, 12.

3. M. Luzi, "Dalla torre", in *Dal fondo delle campagne*, Turim: Einaudi, 1965, p. 214.

Bibliografia comentada

ALFIERI, V. E. *Lucrezio*. Florença: Le Monnier, 1929. Leitura romântica do poema de Lucrécio e da personalidade do autor. Fascinante, talvez pouco confiável a reconstrução desta última, mas esplêndida a sensibilidade poética. Interessante a leitura quase oposta de Lucrécio por parte de Odifreddi (ver abaixo).

ANDOLFO, M. (org.). *Atomisti antichi. Frammenti e testimonianze*. Milão: Rusconi, 1999. Coletânea bastante completa para oferecer uma boa ideia daquilo que nos resta do atomismo antigo. Interessante o destaque, na introdução, da importância da metáfora linguística.

ARISTÓTELES. *La generazione e la corruzione*. Trad. it. Milão: Bompiani, 2013. O principal texto de Aristóteles no qual se podem obter informações sobre o pensamento de Demócrito.

BAGGOTT, J. *The Quantum Story: A History in 40 Moments*. Nova York: Oxford University Press, 2011. Excelente e completa reconstrução das principais etapas do desenvolvimento da mecânica quântica até os nossos dias.

BITBOL, M. *Physical Relations or Functional Relations? A Non--metaphysical Construal of Rovelli's Relational Quantum*

Mechanics. Philosophy of Science Archives, 2007, disponível em: <http://philsci-archive.pitt.edu/3506/>. Comentário e interpretação em sentido kantiano da mecânica quântica relacional.

BOJOWALD, M. *Prima del big bang. Storia completa dell'universo.* Trad. it. Milão: Bompiani, 2011. Descrição divulgativa da aplicação da gravidade quântica em loop ao nascimento do Universo. O autor foi um dos iniciadores dessa aplicação. Ilustra o "rebote do Universo" que poderia ter ocorrido antes do big bang.

CALAPRICE, A. *Dear Professor Einstein. Albert Einstein's Letters to and from Children.* Nova York: Prometheus Books, 2002. Deliciosa coletânea da troca de correspondência entre Einstein e algumas crianças.

DEMÓCRITO. *Raccolta dei frammenti: Interpretazione e comentario di S. Luria.* Trad. it. Milão: Bompiani, 2007. Coletânea completa de fragmentos e testemunhos sobre Demócrito. Curiosa introdução em que Giovanni Reale se empenha em minimizar o materialismo de Demócrito, a ponto de tentar atribuí-lo à censura soviética!

DIELS, H.; KRANZ, W. (orgs.). *Die Fragmente der Vorsokratiker.* Berlim: Weidmann, 1903. O texto clássico de referência dos fragmentos e testemunhos sobre os pensadores gregos mais antigos.

DORATO, M. *Rovelli's Relational Quantum Mechanics, Monism and Quantum Becoming.* Philosophy of Science Archives, 2013, disponível em: <http://philsci-archive.pitt.edu/9964/>. Discussão do filósofo italiano sobre a interpretação relacional da mecânica quântica.

_____. *Che cos'è il tempo? Einstein, Gödel e l'esperienza comune.* Roma: Carocci, 2013. Precisa e completa discussão, centrada na relatividade especial, da modificação einsteiniana do conceito de tempo.

FANO, V. *I paradossi di Zenone*. Trad. it. Roma: Carocci, 2012. Um excelente livro, que ressalta a atualidade dos problemas suscitados pelos paradoxos de Zenão.

FARMELO, G., *L'uomo più strano del mondo. Vita segreta di Paul Dirac, il genio dei quanti*. Trad. it. Milão: Raffaello Cortina, 2013. Ampla mas acessível biografia do maior físico depois de Einstein, de personalidade desconcertante.

FEYNMAN, R. *La fisica di Feynman*. Trad. it. Bolonha: Zanichelli, 1990. Manual de física básica extraído das aulas do maior físico americano. Brilhante, original, intenso, inteligentíssimo. Nenhum estudante de física realmente interessado pela ciência deveria deixar de lê-lo e levá-lo consigo.

FÖLSING, A. *Albert Einstein: A Biography*. Nova York: Penguin, 1998. Ampla e completa biografia de Einstein.

GORELIK, G.; FRENKEL, V. *Matvei Petrovich Bronstein and Soviet Theoretical Physics in the Thirties*. Boston: Birkhauser Verlag, 1994. Estudo histórico sobre Bronštein, o jovem russo que deu início à pesquisa sobre a gravidade quântica, justiciado pela polícia de Stálin.

GREENBLATT, S. *The Swerve: How the World Became Modern*. Nova York: W. W. Norton, 2011. Um livro que reconstrói a influência do achado do poema de Lucrécio sobre o nascimento do mundo moderno.

HEISENBERG, W. *Fisica e filosofia*. Trad. it. Milão: Il Saggiatore, 1961. O verdadeiro inventor da mecânica quântica reflete sobre os problemas gerais de filosofia da ciência.

KUMAR, M. *Quantum. Da Einstein a Bohr, la teoria dei quanti, una nuova idea della realtà*. Trad. it. Milão: Mondadori, 2011. Excelente reconstrução divulgativa, mas detalhada, do nascimento da mecânica quântica e sobretudo do longo diálogo entre Bohr e Einstein sobre o sentido da nova teoria.

LAUDISA, F., ROVELLI, C. "Relational quantum mechanics". *The Stanford Encyclopedia of Philosophy*. Disponível em: <http://plato.stanford.edu/archives/win2003/entries/rovelli/>. Síntese, no estilo da enciclopédia, da interpretação relacional da mecânica quântica.

LUCRÉCIO. *La natura delle cose*. Trad. it. Milão: Rizzoli, 1994. O principal texto que nos traz as ideias e o espírito do atomismo antigo.

MARTINI, S. *Democrito: filosofo della natura o filosofo dell'uomo?* Roma: Armando, 2002. Texto didático em que se evidenciam as duas facetas de Demócrito: cientista da natureza e humanista.

NEWTON, I. *Il sistema del mondo*. Trad. it. Turim: Boringhieri, 1969. Um livro pouco conhecido de Newton, no qual ele ilustra a sua teoria da gravitação universal de maneira muito menos técnica que em seu grande tratado (os *Principia*).

ODIFREDDI, P., *Come stanno le cose. Il mio Lucrezio, la mia Venere*. Milão: Rizzoli, 2013. Excelente tradução amplamente comentada do poema de Lucrécio, que ressalta seu aspecto científico e moderno. Texto ideal para as escolas. Interessante a leitura quase oposta de Lucrécio por parte de Alfieri (ver acima).

PLATÃO. *Fedone o sull'anima*. Trad. it. Milão: Feltrinelli, 2007. O texto mais antigo que chegou até nós que fala explicitamente da Terra esférica.

ROVELLI, C. "Relational quantum mechanics". *International Journal of Theoretical Physics*, 35, 1637, 1996. Disponível em: <http://arxiv.org/abs/quant-ph/9609002>. O artigo original que introduz a interpretação relacional da mecânica quântica.

ROVELLI, C. *Che cos'è il tempo? Che cos'è lo spazio?* Roma: Di Renzo, 2000. Transcrição de uma longa entrevista em que retomo o meu percurso pessoal e científico e ilustro brevemente o surgimento de algumas das ideias aqui discutidas em mais detalhes.

_____. *Quantum Gravity.* Cambridge (Reino Unido): Cambridge University Press, 2004. Manual técnico de gravidade quântica. Vivamente desaconselhado para os que não têm uma preparação em física.

_____. "Quantum gravity", in BUTTERFIELD, J.; EARMAN, J. (orgs.). *Handbook of the Philosophy of Science, Philosophy of Physics.* Amsterdã: Elsevier/North-Holland, 2007, pp. 1287-330. Longo artigo dirigido aos filósofos, com uma discussão detalhada do estado atual da gravidade quântica, dos seus problemas abertos e dos diversos enfoques da questão.

_____. *Che cos'è la scienza. La rivoluzione di Anassimandro.* Milão: Mondadori, 2012. Este livro é antes de tudo uma reconstrução do pensamento daquele que foi, em certo sentido, o primeiro e um dos maiores cientistas da humanidade, Anaximandro, e da imensa influência que exerceu sobre o desenvolvimento subsequente do pensamento científico. Em segundo lugar, é uma reflexão sobre o nascimento e sobre a natureza do pensamento científico: o que o caracteriza, o que o diferencia do pensamento religioso, quais são seus limites e sua força.

SMOLIN, L. *Vita del cosmo.* Trad. it. Turim: Einaudi, 1998. Excelente livro de divulgação, em que Smolin ilustra suas ideias sobre a física e a cosmologia.

_____. *Three Roads to Quantum Gravity.* Nova York: Basic Books, 2002. Sobre a relatividade quântica e seus problemas abertos.

VAN FRAASSEN, B. "Rovelli's world". *Foundations of Physics*, 40, 2010, pp. 390-417. Discussão sobre a mecânica quântica relacional de um dos grandes filósofos analíticos vivos.

Índice remissivo

As páginas em itálico indicam figuras, gráficos ou tabelas.

Abdera, 19, *21*, 23, 36, 129, 166
Agullo, Ivan, 215
Alesci, Emanuele, 275
Alexandria, 46-7, 252
Alfieri, Vittorio Enzo, 266, 282
Alighieri, Dante, 38, 40, 51, 97, 101, 103-4, 259
Almagesto (Ptolomeu), 46-7
Anaxágoras, 53
Anaximandro, 19-20, 22, 45, 53, 146, 189-90, 263, 283
Anaxímenes, 24
Andrômeda, galáxia de, 75, 78
Aristarco, 45, 53, 190
Aristóteles, 26, 28, 30-1, 35, 43-4, 48-9, 51, 81, 97, 104, 132, 166, 237, 252, 279
Arquimedes, 78, 232-3, 264

Arquitas, 94
Ashtekar, Abhay, 155, 215
Atenas, 19, 23
átomo primordial, 198; *ver também* big bang

Beethoven, Ludwig van, 106
Bekenstein, Jacob, 243
Bianchi, Eugenio, 225
big bang, 10-1, 89, 97, 105, 144, 195, 197, 198, 200, 203, 205, 217, 222, 227, 234, 256, 280
big bounce, 203
Bohr, Niels, 114, 116, 121-2, 134-6, 138, 145, 147, 152, 282
Boltzmann, Ludwig, 32, 239, 248
Bolzano, Bernhard, 264
bóson de Higgs, *ver* Higgs, Peter

285

Bracciolini, Poggio Giovanni
Francesco, 38, 47
Bronštein, Matvei, 146, 149-50,
152, 166, 281
buraco negro, 141, 148, 152, 218-25,
227, 243; galáctico, 219

Cabo Tênaro, 21
campo: elétrico, 57, 60, 75, 79, 110,
147; eletromagnético, 76, 80, 82,
113, 123, 125-7, 147, 160, 164,
168, 214; gravitacional, 79, 80,
82, 90, 143, 145, 147, 152, 157,
159, 161, 163-4, 167, 169, 172-3,
180, 188-90, 216, 223, 225;
magnético, 57, 60, 75, 79
campos quânticos, 10, 128, 141,
164, 187-9, 259
Cavalcanti, Guido, 266
Cícero, Marco Túlio, 23
Cilento, 29
colapso gravitacional, 204
comprimento de Planck, ver Planck,
Max
constante: de Newton, ver Newton,
Isaac; de Planck, ver Planck, Max
Contador de areia (Arquimedes),
232-3
Copenhague, 117, 135, 271
Copérnico, Nicolau, 13, 47, 146,
208, 212, 255

cordas, teoria das, 210, 274;
loopistas e cordistas, 210, 212-3
correlações, 225, 238, 244, 250,
252, 261
cosmologia, 26, 97, 143, 202-4, 206
curvatura: de Riemann, ver
Riemann, Bernhard; do espaço-
tempo, 91, 145, 169

Darwin, Charles, 13, 39, 113, 251
Demócrito, 23-4, 26, 28-9, 31-2,
35, 40-1, 52-3, 70, 80, 89, 129,
131, 166, 237, 252, 254, 259
Descartes, René, 81
DeWitt, Bryce, 153-4, 157, 159, 172
diagramas de Feynman, ver
Feynman, Richard
dimensões suplementares, 212
Diógenes Laércio, 265, 277
Dirac, Paul, 120-1, 123, 125-7,
134-5, 145, 147, 150, 160, 162,
209, 228, 271; equação de Dirac,
126-7
divergências, 228
Dorato, Mauro, 137

Eclesiástico, livro do, 231-3
Egito, 19, 22, 45
Einstein, Albert, 11, 18, 32, 35, 39,
59, 69-87, 90-3, 96, 101, 104-5,
107, 111-3, 116, 119-21, 126, 128,

286

133-4, 136, 138, 141, 143, 145, 147, 152, 158-9, 165, 171, 180, 186, 189, 197-8, 201, 203, 206-8, 212, 216, 221, 229-30, 255-6

Eleia, 21, 29, 263

Elementos (Euclides), 46, 70

elétron, 111, 115, 118-9, 122-4, 130-1, 134, 152, 169, 202-4

eLISA, ver LISA

energia, 10, 67, 76-7, 85, 89, 91, 110-2, 116, 122, 125, 144, 148, 160, 195, 201, 210, 222, 239, 243, 247, 267, 273

entropia, 240, 243

equação: de Dirac, ver Dirac, Paul; de Hamilton-Jacobi, 274; de Schrödinger, ver Schrödinger, Irwin; de Wheeler-DeWitt, 154, 157, 159, 172

espaço: de Hilbert, ver Hilbert, David; discreto, 164

espaço-tempo, 72, 74-5, 77, 84, 87-8, 90, 92, 101, 107, 128, 141, 143, 145-6, 152, 169, 171-2, 180, 185, 187-9, 205, 244, 260

espectro, 115, 122-3, 159, 215; da área, 162; do volume, 159

espuma de spins, 181-3, 182, 186-7

estado estatístico, 277

estrelas binárias, 89

Euclides, 46, 70

Eudóxio, 45

Eurípedes, 233

expansão do universo, 89, 97, 105, 198-9, 203

Faraday, Michael, 55-63, 79, 83, 90, 113, 115, 125-6, 128, 145, 157, 161, 188

Fédon (Platão), 27, 254

Feynman, Richard, 27, 131, 136, 150, 152, 160, 181, 183, 228; diagramas de Feynman, 184; gráficos de Feynman, 184

flutuações, 34, 123, 214-5, 225; quânticas e estatísticas, 215, 225

formas a priori do conhecimento, 189

Frínico, 23

função de onda, 154, 270-1, 277

fundo de radiações cósmicas, 213, 215

galáxias, 10, 105, 124, 141, 197-8, 201, 204, 214, 231

Galilei, Galileu, 39, 41, 48, 50, 71-2, 132, 175, 208, 266

Gelão, 232

Genebra, 210

Goodman, Nelson, 133

gráficos de Feynman, ver Feynman, Richard

grande rebote, *ver big bounce*

gravitação universal, 59, 79, 145, 282

grávitons, 151

hamiltoniana, 277

Hawking, Stephen, 222, 224-5

Hecateu, 20-1

Heisenberg, Werner, 117-21, 124, 131, 134-5, 145, 147-8, 180, 271

Higgs, Peter, 127, 210, 212; bóson de Higgs, 127, 210, 212

Hilbert, David, 91, 93; espaço de, 270, 275

Hiparco, 45, 50

Hiroshima, 77

holonomia, 275

horizonte, 220, 225

Hubble, Edwin, 190, 198

Hulse, Russell Alan, 268

Huygens, Christiaan, 267

informação, 11, 27-8, 55, 129, 134, 168, 195, 229, 234-53

Isham, Chris, 151

"It from bit", 242

Jacobson, Ted, 155, 157

Jâmblico, 45

Kant, Immanuel, 54, 70, 189

Landau, Lev, 80, 146-7, 150

Latini, Brunetto, 99-100

Leavitt, Henrietta, 198

Lemaître, Georges, 198, 200-2, 206

Leopardi, Giacomo, 52

Leucipo, 21, 23, 31-2, 166

Lewandowski, Jurek, 158

LHC – *Large Hadron Collider* [Grande Colisor de Hádrons], 210

LISA, 216-7

loop, 101, 154, 157, 158, 164, 169, 180, 183, 186, 190, 202-3, 210, 212-4, 221, 223, 224-5, 242, 275, 280; *loopistas e cordistas, ver* cordas, teoria das

Lucrécio (Tito Lucrécio Caro), 36-40, 47, 131, 171, 265, 279, 281

Luria, Salomon, 253, 264

Magliaro, Elena, 275

Maxwell, James Clerk, 55-6, 60-2, 69, 71, 76, 78-9, 83, 85, 114, 125-7, 128, 145, 188, 212

mecânica clássica, 202, 241, 249

Mesopotâmia, 19, 22

Mileto, 17, 19-20, 22, 29, 44

Minnai, Emanuela, 102

modelo padrão: cosmológico, 11, 211; das partículas elementares, 126-7, 183-4, 211-2 nebulosas, 197

Nelson, William, 215

neutrinos, 127

Newton, Isaac, 39, 41, 44, 49-59, 63, 71, 75, 77, 79-82, 86, 89, 99, 113, 116, 122, 125, 128, 131, 145, 177, 188, 208, 212, 255-6, 264, 282; constante de Newton, 51, 91, 149

Niccoli, Niccolo, 38

Numa Pompílio, 53

Odifreddi, Piergiorgio, 266

ondas gravitacionais, 89, 143, 216-7

operadores, 270, 274-5

Palomar, observatório, 198

Parmênides, 29

partículas, 9, 28, 33, 39, 51, 54, 59-60, 62, 81-2, 107, 111, 114, 119, 123, 125-7, 129, 141, 143, 148, 164, 181, 183-5, 187-8, 204, 210, 212, 248, 256, 259, 274-5; supersimétricas, ver supersimetria

Penzias, Arno, 106

Perini, Claudio, 275

Petrarca, Francesco, 38, 152

Pio XII, papa, 200

Planck, Max, 110-1, 114, 116, 125-6, 149; comprimento de Planck, 149,

162, 229, 231; constante de Planck, 110, 116, 130, 134, 149, 229, 272; escala de Planck, 153, 201, 227, 231, 243

Planck, satélite, 11, 201, 210, 212, 214

Platão, 11, 26-7, 36, 43-6, 53, 124, 138, 237, 254-5, 274

Poggio Fiorentino, ver Bracciolini, Poggio Giovanni Francesco

Porfírio, 45

princípio holográfico, 244

Ptolomeu, 46-7, 208

Pullin, Jorge, 158

QCD (Quantum Chromo-Dynamics), 184, 186

QED (Quantum Electro-Dynamics), 183, 185-6

quanta, 10, 12, 67, 109-38, 180, 187, 189, 209, 215, 242, 259; de espaço, 17, 151, 161, 163-4, 168, 170-2, 174, 178, 185, 189, 213, 224, 231, 245, 248, 260

quark, 9, 127, 184, 231

Quintiliano, Marco Fábio, 38

Reale, Giovanni, 280

redes de spins, 167-9, 182-3, 187, 223

retículo, 184, 186

Riemann, Bernhard, 84, 90, 100, 106, 164; curvatura de Riemann, 84-5, 90-1

Rosenfeld, Leon, 273

Rubbia, Carlo, 127

Schrödinger, Erwin, 271; equação de Schrödinger, 271, 274

Sêneca, 23

Sexto Empírico, 263

Shannon, Claude, 235, 237, 239-40

Simplício, 263

singularidade, 190, 227, 229

sistema binário PSR B1913+16, 268

Smolin, Lee, 155, 157, 283

Sócrates, 27, 254-5

Sófocles, 233

soma sobre os caminhos, 131, 181

Speziale, Simone, 275

spin network, ver redes de spins

spinfoam, ver espuma de spins

spins, 163, 167, 183, 242

supersimetria: partículas supersimétricas, 11, 195, 210, 213

sushi de espaço-tempo, 178, 180-1

Tales, 20

Taormina, 233

Tarento, 94

Taylor, Joseph, 268

temperatura, 88, 174, 201, 213, 216, 222, 239-40, 246-7, 249; de um buraco negro, 11, 218-25, 243

tempo, 10-1, 25, 29-30, 35, 53, 59, 62, 67, 70, 73-5, 77, 86, 88, 90, 92, 107, 109, 119, 128, 130-1, 133, 135, 144-5, 149-51, 154, 170, 171-80, 187-90, 195, 204, 213, 217-8, 220, 223-4, 230, 259, 280-1; térmico, 245, 247-9

Teodósio I, 36

transporte paralelo, 102

triesfera, 95-7, 100, 104

universos paralelos, 212

Vélia, 29

Vidotto, Francesca, 276

VIRGO, 216

Vitrúvio, 38

Weierstrass, Karl, 264

Wheeler, John, 152-3, 204, 242

Wilson, Robert, 106

Zenão, 29-31, 165, 263; "Aquiles e a tartaruga", paradoxo, 29-30, 165; paradoxos de, 29

1ª EDIÇÃO [2017] 3 reimpressões

ESTA OBRA FOI COMPOSTA PELA ABREU'S SYSTEM EM INES LIGHT
E IMPRESSA EM OFSETE PELA GRÁFICA BARTIRA SOBRE PAPEL PÓLEN
SOFT DA SUZANO S.A. PARA A EDITORA SCHWARCZ EM JULHO DE 2021

A marca FSC® é a garantia de que a madeira utilizada na fabricação do papel deste livro provém de florestas que foram gerenciadas de maneira ambientalmente correta, socialmente justa e economicamente viável, além de outras fontes de origem controlada.